Webライター入門

副業・プロで稼ぐための50の基礎知識

［監修］（株）フォークラス／大橋博之
［著］かみむらゆい／V(-￥-)V ごとうさとき
染谷靖子／冨田弥生／松沢未和
みちだあこ／八湊真央
夕凪あかり／らくしゅみっくす

技術評論社

■本書特設サイト

クリエイターズ・ピント

https://www.four-class.jp/creators-pinto/

Webライター向けの、ノウハウ、業界情報をフォークラスのコンテンツページ「クリエイターズ・ピント」に掲載しています！

●免責

本書に記載された内容は、情報の提供のみを目的としています。したがって、お客様自身の責任と判断によって本書をご活用ください。これらの情報をもとにした結果について、技術評論社および著者、監修者はいかなる責任も負いません。

本書記載の情報は、2015年7月30日現在のものを掲載していますので、ご利用時には変更されている場合もあります。

また、ソフトウェアやWebサイトでのサービスはバージョンアップされる場合があり、本書での説明とは機能内容や画面図などが異なってしまうこともあり得ます。本書ご購入の前に、必ずバージョン番号などをご確認ください。加えて、Webサイトの変更やサービス内容の変更などにより、Webサイトを閲覧できなかったり、想定したサービスを受けられないことも考えられます。

以上の注意事項をご承諾いただいた上で、本書をご利用願います。これらの注意事項をお読みいただかずに、お問い合わせいただいても、技術評論社および著者、監修者は対処しかねます。あらかじめ、ご承知おきください。

はじめに

誰でもWebライターになれる、そんな時代がやってきた！

■Webライターのための書籍がないのなら作るしかない

「Webライターのための書籍を作りたい。しかも悩めるフリーのWebライターのための書籍を……」——それが、本書を作るうえでの動機でした。

今、世の中にはWebライティングを解説した書籍は数多くあります。しかし、それらは企業のWeb担当者やWeb制作に携わる人達に向けて書かれているものでした。つまり、プロ向けです。

僕はWebメディアに関わるようになってたくさんのWebライターと付き合うようになりました。そのWebライターのほとんどは別の仕事や家事を持ちながらの兼業だったり、いずれはプロになりたいと願う人達です。実は今あるWebメディアの多くはそんな、フリーのWebライター達の活躍によって成り立っているのです。

なのに見渡してみて気づいたのは、プロではないフリーのWebライター達の悩みや疑問に応えている書籍がまるでない、ということでした。ないのならば作るしかない。そう思ったのです。

■成長するWebメディアに不足しているWebライター

ライターが活躍できる場所には、雑誌や書籍、いわゆるペーパーメディアとWebメディアがあります。

従来からあったペーパーメディアですが、止まらない雑誌の休刊ラッシュ、書籍の部数の低下など、暗い話題ばかりであまり明るいニュースは聞きません。対するWebメディアは常に新しいサイトが誕生し、日々増加を続けています。今ではペーパーメディアよりもWebメディアのほうが大きな力を持っていることは誰もが認めるところです。

そんな成長が著しいWebメディアですが、実はWebメディアで記事を書くライター、つまりWebライターがとても不足しているのです。だから今ならWebライターの仕事は簡単に見つかるといってよいでしょう。

■ライター戦国時代な乱世で下剋上は加速する

しかし、Webライターの報酬面では満足できる案件は少なく、とても良い環境とは言えません。残念ながらWebライターで生計を立てることはとても難しいのが実情です。

そのため、ペーパーメディアを活躍の場とするライター達は、Webメディアを意識しつつも報酬面で折り合いがつかず、参入をためらっている、という状況のようです。たぶん、ペーパーメディアに書いている多くのライターは「Webメディアの報酬額が上がったら書いてもよいかな～」と思っているに違いありません。

しかし、それは僕にすれば「とても甘い考えだ」と言わざるをえません。

僕はペーパーメディアとWebメディアは似て異なるものだと考えています。ペーパーメディアにはペーパーメディアの、WebメディアにはWebメディアの特性があるからです。そのため、ペーパーメディアに書くライターとWebメディアに書くWebライターもまた、まったくの別物だと思っています。

ペーパーメディアに書いているライターがそのままWebメディアに書いて通用するとは限りません。むしろWebメディアで知名度を上げたWebライターがペーパーメディアに殴り込みをかけるかもしれないのです。

まさに世はライター戦国時代。そして下剋上が始まりつつあります。だから今、Webライターを始めるのはビックチャンスなのです。

Webライターのための Webライターによる Webライター入門

本書を作るにあたって、僕がひとりで書き上げるのではなく、僕は監修として制作をコントロールし、実際の執筆は9人のWebライターにお願いすることにしました。僕ひとりで書いて9ヵ月かかるのならば、9人で分担することで1ヵ月で作ることができる。そう考えたからです。

9人のWebライターには執筆にあたり「いつものWebライティングと同じように書いてください」と依頼しました。

執筆を担当した9人のWebライターはみな、他のWebライターと同じ悩みを持ちながらも長い間、Webライターとして活躍してきた人ばかりです。なので誰もが経験にもとづいた説得力のある原稿を書いてくれました。まさに僕の期待どおりの出来となりました。

フォークラスに登録しているWebライター700名にアンケートをお願いし、Webライターの現状をレポートしてもらいました。また、Webメディアで活躍する編集者の方々に、求められるWebライター像を語っていただきました。それらも参考になるかと思います。

■ Web ライターとして活躍できる方法を考えないといけない

Web ライターで活躍するために大切なことは何なのでしょうか？ それはWeb ライターにとって大切な知識を得ることです。

本書は Web ライターになりたい、いずれはプロになりたい、けれど方法がわからないと悩む Web ライター達のために、Web ライターとして知っておくべき基本的なことだけを解説してあります。

どの項目を取り上げても、例えばコンテンツマーケティングや SEO といった Web 系のこと、取材方法や原稿の書き方といったライティング系のこと、また、著作権などの法律系こと、それらどれを取ってみてもそれぞれで一冊の書籍が出ているくらい、内容は掘り下げることができます。

だから、本書だけでは満足できなかいこともあるはずです。その場合は、より専門的な書籍にあたってみてください。

2015 年7月
大橋博之

Webライター入門 ——副業・プロで稼ぐための50の基礎知識
目　次

第1章

Webライターが注目される理由

本章では、Web ライターという仕事が生まれた背景から、常に心がけておかなければならないポイントを説明します。

01 なぜ今、Webライターなのか？

染谷靖子

インターネットの普及によって、情報の流れは大きく変化しました。Webコンテンツが大量に作られ、それらWebコンテンツの増加とともに、Webコンテンツに掲載する記事が書けるWebライターのニーズが増加中です。

誰もがインターネットにつながっている

世界中の何十億人という人たちが利用しているインターネット。あなたは毎日どのくらい利用していますか？ インターネット環境やスマートフォンなどのモバイル端末の普及が進み、多くの人が簡単にWebの世界にアクセスできるようになりました。今では一生をかけても読みきれないほどの情報量が生み出されています。

インターネットで増えるチャンス

電車に乗っていると、雑誌や書籍を読んでいる人より、スマートフォンを見ている人が多いことに気づきます。

電車での移動中だけでなく、自宅でもテレビを見るよりパソコンやスマホからインターネットに接続するなど、Webへのアクセス時間は年々増えています。

これまで、商品やサービスの宣伝にはテレビや新聞、雑誌などへの広告枠が使われてきました。しかし、インターネット利用者が増えるのと共に、Web での宣伝活動が増加しています。

また一方、テレビなどでの宣伝は金額が高く、大企業で資金を投資できるところしか情報発信できませんでした。それが今では、個人でもお金をかけずに Web サイトやブログを持ち、情報発信ができます。大企業や中小企業はもちろんのこと、個人事業者であっても、Web サイトなら手軽に商品やサービスをアピールすることができるのです。

その結果、インターネットを活用して「商品を売りたい」「ファンを増やしたい」「会員を獲得したい」と考える人がどんどん増えています。

そこで重要となってきたのは、魅力的な Web サイトを作ることです。

インターネットでは次から次へと新しい情報がアップデートされていて、古い情報は目に留まりにくくなっています。商品やサービスといった情報を消費者に届けるためには、常に新しい内容に更新し続けなくてはなりません。そのため、Web コンテンツが毎日ものすごい量で増え続けているのです。

その Web コンテンツの量産を支えているのが、Web コンテンツに掲載する記事を書く人、つまり、Web ライターなのです。

Web 利用の増加と並行して、今後も Web ライターの仕事は増えていく、といえるのです。

02 Webライターの時代がやってきた

染谷靖子

インターネットによって新しい仕事が誕生しています。Webライターという仕事もそのひとつだといえます。Webライターの良いところは誰もが簡単になれることです。つまり、誰にでもチャンスがあるということなのです。

いいね！ で拡がる情報

インターネットの影響で、情報の伝わり方も変化しました。

今まではテレビや新聞、雑誌などのマスメディアが情報発信をし、私たちはそんなテレビや新聞で取り上げられた話題のスポットに出かけたり、雑誌で見たブランドの服を買いに行くといったことが普通のことでした。

しかし今では、ブログやTwitterなどのソーシャルネットワーキングサービス（SNS）の「いいね！」やリツイートといった共有（シェア）によって拡散された情報や口コミを読んで、話題のスポットに出かけたり、価格を比較サイトでチェックしてからネットでブランドの服を買うようになりました。そして、話題のスポットや買ったブランドの服の情報をツイートしたりレビューしたりして、新たな情報が拡散されていきます。

つまり、マスコミの情報発信力だけでなく、個人による情報発信力も大きくなっているのです。

また、どんな情報を見るか、を消費者が決めるようになったことも大きな変化です。

Web ライターに求められているのは拡散されるような情報や検索してもらえるような記事を書くことです。

情報が溢れているインターネット上で読まれる記事を書くことが求められているのです。

誰でもWebライターになれる

ライターになるには出版社で働くチャンスを掴まなければならなかったり、多くの出版社がある東京に通える距離に住んでいる必要がありました。

しかし今では、インターネットの環境さえ整っていれば、未経験でも、どこに住んでいても、Web ライターとして活躍することが可能です。

実際に主婦で未経験から始めたという人や、海外在住の Web ライターもたくさんいます。

Web ライターを始めるためにはマーケティングの知識や広報の経験がなくても問題ありません。それより、商品やサービスを利用する消費者の立場や、普段の生活で知った便利なこと、嬉しいと感じた経験を活かすことで、同じ消費者に関心を持ってもらえる記事が書けるともいえます。

Web ライターは誰でもなれます。そして、自分に無理のないスタンスで始めることができます。主婦業や仕事の傍らの副業として、月に数万円稼げれば十分という人から、もっとステップアップしたいと考える人までさまざまなタイプの人がいます。

03 無視できないGoogleという存在

染谷靖子

何十億もの人が利用しているGoogle検索。今ではGoogleによる影響はとても大きいものとなっています。WebライターはGoogleを意識しなければなりません。なぜならいくら良い記事を書いても読んでもらえない、ということが起こるからです。

Googleがもたらすもの

Web検索をするときに利用される代表的なサイトとして、GoogleとYahoo！の2つがあります。

Yahoo！は2010年に「検索エンジン（インターネットに存在する情報を検索する機能）」と、「検索連動型広告配信システム（検索キーワードに連動した最適な広告を、検索を利用しているユーザーに配信するシステム）」をGoogleのエンジンおよびシステムに切り替えました。

つまり、Yahoo！で検索した場合でも、Googleと同じシステムが使われているのです。このことからも、何十億もの人が利用しているGoogle検索による影響はとても大きいといえます。Webライターが仕事をするにあたって、このことを意識しておくことが実は非常に重要なことなのです。

Googleの目的

Google のサイトには「Google の使命は、世界中の情報を整理し、世界中の人々がアクセスできて使えるようにすること」とあります。

Google の目的は、インターネットで情報を探すユーザーの満足度を向上させることにあります。そのため、ユーザーが入力するキーワードに対して、最適な検索結果を表示させるための技術を進化させ続けています。

それでは、ユーザーの満足度とはどんな意味でしょうか？

インターネット上には、すでに一生をかけても読み切れないほどの情報があります。Google のような検索エンジンがなければ、私たちは膨大な情報の中から知りたいと思う情報を探し出すことは、とても難しいでしょう。

もし、検索エンジンを使っても、あまり役立たない情報が表示されてしまったなら、どうでしょう？

例えばカレーを作ろうと、レシピを知りたくて検索したのに、料理人のプロフィールやカレー鍋の情報ばかりが表示されてしまったら。そんな情報では満足なんてできませんよね。カレーの作り方を検索したら、カレーの作り方のレシピが読めること、カレーを食べに行きたいときには、カレー屋さんの場所が調べられることが重要なのです。さらに、検索結果に表示されたレシピや行ったカレー屋さんが美味しければ、ユーザーの満足はより高くなります。

ユーザーが知りたい情報を、検索キーワードから最適な検索結果である「良いコンテンツ」を表示すること、そしてその内容の質が高いものから上位に表示させること、それが、Googleが目指していることなのです。

継続的なアルゴリズムのアップデート

Google検索はアルゴリズムによる検索エンジンです。

ユーザーが探す質の高い情報が掲載されているWebサイトを上位に表示させるため、複雑な計算方法が考えられています。それはアルゴリズムと呼ばれ、継続的にアップデートされています。

Googleはアルゴリズムによる検索結果が表示される作業が自動的に作動するようにプログラム化しています。まず、クローラーと呼ばれるロボットがインターネット上の検索対象となる情報を収集していきます。そして集まった情報を整理し、整理された情報から適切な情報を探します。それが検索結果として表示されていきます。このときに、どのサイトがより充実しているか？ が判断され、充実度が高いと考えられるサイトから検索結果の上位に表示していくのです。

では、どんなサイトが充実していると判断されるのでしょうか？以前はリンクがたくさん貼られているサイトが充実していると考えられていました。多くの人が支持している＝役立っているためだと判断されたのです。その結果、検索結果上位に表示させたいと考える人たちによって、リンクをたくさん貼る裏ワザが生み出され、内容があまり良くなくても検索上位に表示されるという現象が起き始めてしまいました。

これではユーザーは検索結果の内容に満足しなくなり、Google

への信頼も下がってしまいます。そこで、Googleは単にリンクが多く貼られているだけでなく、内容が充実しているかを判断できるアルゴリズムへとアップデートしました。

このGoogleのアルゴリズムは公開されていません。そのため、どんなサイトが検索上位になるのかは、推測するしかありません。現在でもリンクが貼られているかどうかは、判断基準の1つとして残り続けています。けれども、「ユーザーの利便性を第一」に考えているというGoogleの姿勢からは、良質なWebサイトを作ることを大切にしてほしいというメッセージが伝わってきます。

Webライターも、このことを意識する必要があります。情報を見つけたい人が何を考えていて、どんなことを提供したら喜ばれるかを考えることが重要なのです。

検索上位表示がもたらす高い集客力

ところで、検索上位に表示されることが重要なのはなぜでしょうか？ ユーザーがキーワードを入力して検索すると、最適だと考えられる順番に関連サイトが表示されます。このとき、ユーザーは検索上位に表示されたものからクリックしていきますが、下位に表示されるものはクリックしません。つまり、上位に表示されなければクリックされず、その記事を読んでもらうことさえないのです。

キーワードで検索された後、ユーザーの目に留まるようなトップ画面に表示されれば、莫大なアクセスが見込まれます。

そのため、検索したときに上位に表示されるような良いコンテンツであることが重要になるのです。

04 Webライターには良いコンテンツを書くことが求められている

染谷靖子

良いコンテンツとはどんなものでしょう？ 良いコンテンツとは、自分が探している情報が掲載されているコンテンツが、その人にとっての良いコンテンツなのです。Webライターは良いコンテンツを書けることが大切です。

ユーザーが満足するコンテンツとは

それでは、良いコンテンツとはどんなものか考えてみましょう。

興味のある情報を探すというのが、インターネットの特徴です。つまり、ある人が探している情報が掲載されているコンテンツが、その人にとっての良いコンテンツなのです。

チョコレートで検索する人には、レシピを探していたり、流行のお店を探していたり、バレンタインデーにどうやって渡そうかを考えていたりと、さまざまなシチュエーションが考えられます。Web ライターは想像を膨らませて、発信する記事を読んでほしい人は誰なのか？ 読者を知ることが大切です。

インターネット上のコミュニケーションは、対面の店舗と違って直接コミュニケーションを取ることはできません。Web ライターのほとんどは、顔を合わせたことのない人に向けて、文章だけで伝えたいことを伝えなければいけないのです。そのため、「買ってください！」とアピールするのがよいのか、「なんとなく信用できるな」と思ってもらえるほうがよいのかを判断し、それに沿った適切な記事を作成することが必要になります。

「買ってください！」とアピールすることで、積極的に購買につなげる方法を「プッシュ戦略」といいます。商品やサービスの魅力を伝えたり、口コミで高い評価が流れることで消費者から信用してもらえるように促すことを「プル戦略」といいます。

Web ライターは読者と顔を合わせないこともあり、プッシュ戦略よりはプル戦略のほうが親和性が高いといわれています。顧客や見込み客が近づいてくれるように、魅力的で楽しませられる記事を書くことが重要となります。消費者は必要な情報を探していたときに、わかりやすくて、信頼もできそうで、周りにも伝えたくなるような記事を見つけたら、きっと満足してくれるはずです。

そんな記事を書くのは簡単ではありませんが、ステップアップを目指すことが大切です。

目に留まるコンテンツとは

読み手の目に留まるかどうかは、一瞬の勝負です。読み手はパッと見て興味を惹かなければブラウザバックします。そのため、インターネットニュースなどのタイトルはとても工夫がされていて（たまに極端なくらい）、続きが気になるようなタイトルが付けられています。わざとらしく注意を惹くというのも手法の 1 つですが、探している情報があるかどうかがわかるようにすることが重要です。

情報を読み続けるか読み飛ばすかの選択権は常に読み手にあります。いかに惹きつけることができるかが勝負なのです。

また、インターネットでは、どのページからでもアクセスすることができます。書籍なら、表紙があって目次があって、1章、2章、と続いていきます。しかしインターネットでは、検索やシェアによって行き着くページはトップページとは限りません。どのページも読み手にとっての最初のページになり得るのです。そのページが面白ければ他のページも見てくれるかもしれません。反対に、あまり役立たないと感じられてしまったら他のページも読んでもらうことは難しいでしょう。

Webライターは誰でもなれる反面、競争も激しくなっています。未経験でも仕事に応募したり、依頼を受けることはできますが、最初は報酬が低かったり、仕事を選べない状況もあるかもしれません。そこからスキルアップして報酬を増やすために他のWebライターと差別化をしていくにはどうしたらよいのか？ 普段からできることとして、良いなと思うWebサイトをチェックすることをおすすめします。Webライターをやってみようと思う方々なら、きっと日常的にWebにアクセスしているのではないでしょうか。自分が好きなサイトやブログがあるでしょう。ぜひ、そのサイトをよく観察してみてほしいのです。面白い文章だから楽しいのか、役立つ情報が多いからよくチェックしているのか……。人気があるサイトには、人気の理由があるはずです。ニッチな話題であっても、コアなファンがいるのはなぜなのか？ 押しつげがましくない文章がよいのか？ かゆいところに手が届く話題設定が上手いのか？ それぞれのサイトには何かしらコンセプトがあるはずなので、どんな人をターゲットにして、どんな価値を届けようとしているのかを考えながらネットサーフィンを楽しんでみましょう。

また、FacebookやTwitterを利用している人なら、どんな情報がいいね！ やシェア、リツイートされているかを意識してみてみることも役立つと思います。タイムリーな話題なのか、くすっと笑えるものなのかなど、Web ライティングの書き方はインターネット上にヒントがたくさんあります。

意識すべきポイント

どんな目的のために情報発信するのかをきちんと設定することはとても重要です。商品を買ってほしいのか？ ファンになってほしいのか？ 会員登録をしてほしいのか？

また、どんなターゲットを想定しているかを把握することも大切です。それによってお役立ち情報を書くのか、専門知識を伝えるのか、体験談を語るのかなど、記事を書くスタンスが絞られてきます。

例えば企業のサイトなら堅めの文章が、10 ～ 20 代を対象にした口コミサイトなら親近感の湧く口調のほうがよいでしょう。

誰に向けて情報発信するのかが明確になれば、それに合わせたキャラ作りも必要となる場合もあります。最適なキャラクターを演じることも、Web ライターの楽しみのひとつかもしれません。

自分がどんなサイトに書くのかわからない場合は、ターゲットについて確認したり、サンプル文章をもらえないか、クライアントに問い合わせてみたりしてもよいと思います。

SNS の利用が浸透するだけでなく、スマートウォッチの登場などで、インターネットの利用環境は常に進化しています。これからは音声検索が利用される機会が増えていくかもしれません。目的やキーワード、文字数など、読み手のことを想像しながら考えていきましょう。

05 SEOとWebライティングの関係

染谷靖子

Webライターが記事を書くうえで、SEOを意識することは大切なことです。SEO対策が考えられた記事とそうでない記事とでは、アクセスに大きな差が出てしまいます。

SEOとは

インターネットでは、良いコンテンツ、役立つ記事を書くことが必要だとお伝えしてきました。しかし、一生懸命読者をイメージして役立つ記事を書いたとしても、記事を掲載したサイトを見つけてもらえないのでは意味がありません。そこで重要なのが、SEO対策です。

SEOとはSearch Engine Optimizationの略で、検索エンジン最適化という意味です。Googleに代表される検索エンジンを利用した検索結果画面で上位に表示させることにより、サイトを発見してもらうことを目的とします。Webライターは記事を書くうえでも、SEO対策をすることは大切なことなのです。

検索エンジンは、Web上にクローラーを泳がせて情報を収集しています。情報を収集する際には、文字で書かれているテキストを読み取っているともいわれています。つまり、どんな文章が書かれているか？ どんなキーワードが使われているか？ を考えることはSEO判断要素の1つなのです。

SEO対策を意識したWebライティング

例えば、Google 検索で「旅行」と「旅」とそれぞれ検索をしてみてください。検索結果の数は異なるはずです。同じ意味を持つ単語でも、言葉が違うだけで検索結果にも差が出てきます。

消費者が目的の情報を探すためにどんなキーワードで検索をするか、よく考えてみましょう。自分が普段使っている言葉でも、情報を探している消費者が同じ言葉で検索するとは限りません。

掃除グッズを紹介するときに、「掃除　コツ」というキーワードを選ぶか、「掃除　やりたくない」というキーワードを選ぶかでも差が出てくるのです。

Web ライターの仕事をするときには、連想ゲームのようにキーワードをどんどん出していきます。掃除グッズについて書く場合でも、「価格」「落ちにくい」「簡単」「楽」「使いやすい」「めんどくさい」など、たくさん考えられます。そうしてキーワードを抽出したら、そのキーワードを自分で検索してみることもおすすめします。検索されたサイトを実際に見てみれば、そのキーワードは適切か？ということや、他の同じキーワードで書かれた記事を知ることができます。

SEO 対策が考えられた記事とそうでない記事では、アクセスに大きな差が出てしまいます。刺さるキーワードやコンテンツを作成できれば、きっと消費者の目に留まるでしょう。SEO 対策された記事作成ができるようになれば、それを強みとしてより多くの仕事が回ってくる可能性もあります。

06 何のためのWebライターなのか？

染谷靖子

Webライターは誰もが簡単になることができます。しかし、本気でWebライターをやり続けることは簡単ではありません。なぜWebライターをやりたいのか？ を考えることが大切です。

コンテンツマーケティングとアフェリエイト

コンテンツマーケティングのための記事と、アフェリエイト向けの記事の 2 つに分けて解説をします。

インターネットでのマーケティング戦略として、コンテンツマーケティングが注目されています。コンテンツマーケティングとは、魅力的な Web コンテンツを提供することで顧客作りをすることです。コンテンツマーケティングの仕事では、企業が自社の商品やサービス、ブランドを宣伝するために運営するサイト向けに記事を書きます。例えば、印刷会社のサイトにデザインや文書作成のコツの記事を書くといったイメージです。

アフェリエイトはサイト内にある広告記事をクリックしてもらうのが目的です。そのページを見てもらうための記事を作成することになります。

Webライターとは？

それではWebライターとはどんな仕事なのでしょうか？ 簡単に説明すると、Webコンテンツに記事を書くことはもちろん、Webの仕組みを理解する必要がある仕事です。

Webライターは、インターネットの浸透と共に、新しく確立されつつある仕事といえます。Webメディアの記事からブログの記事、メルマガ、雑誌やニュースのWebサイト記事など、掲載先はさまざまあります。

ジャンルとしては、Web上で発信されている分だけあります。例えば美容や健康、マネー、グルメ、旅行から、自分の体験談や商品を紹介するものなど……。バラエティに富んでいます。

Webライターの大きなミッションは、魅力ある記事を書き、Webサイトにたくさんの読者を呼び込むことです。

Webライターは誰にでもできても、文章が誰にでも読まれるわけではない

Webライターはインターネット環境さえ整っていれば誰でもなることができます。しかし、書いた記事が必ず読んでもらえるかはわかりません。これまでの注意点を整理してみましょう。

・読者は誰か、どんな人物かをイメージする
・イメージした読者はどんなキーワードで検索するかを考える
・キーワードを盛り込んだ記事を作成する

せっかく時間をかけて一生懸命作成する記事は、多くの人の目に留まってもらいたいですよね。まずはこれらを意識したWebライティングを目指しましょう。

また、インターネットに限りませんが、読みやすい文章で書くことも重要になります。

Webライターをやってみたいと考えている人や、すでに始めている人は少なくともWebで情報収集をしている人達ではないかと思います。これまでブログなどで情報発信をしてきた人もいれば、Webライターの仕事によって情報発信を始めた人もいるかもしれません。

Webライターの面白いところは、自分の視点で情報発信できるという点です。テーマや文字数、ターゲットは決まっていても、どんな出だしで、どんなトーンで文章を作成していくかは自分次第です。インターネットという大海原に自分の文章で情報発信する機会は、自分なりに社会とのつながりを持つことでもあります。掲載された自分の記事を見れば、実際にどんな人に読まれているのか？多くの人に読まれているのか？ が気になってくるでしょう。自分が書いた記事が誰かの役に立ったとすれば、きっと嬉しい気持ちになるはずです。

Webライターに依頼される内容は専門的な内容もありますが、初心者でも自分なりの視点で書けるものもたくさんあります。

ここまで少し難しいことが書いてあったかもしれませんが、まずはやってみることが一番です。Webライティングを楽しむことも、長く続けるコツだと思います。

誰のためのWebライターなのか？

簡単に始められるWebライターですが、Webライターの仕事では、次のことに注意してみてください。

・読者の役に立つこと
・クライアントの役に立つこと
・自分の役に立つこと

まず、Webライターが書く記事は読者にとって役立つ情報でなければなりません。読者はどんなことを求めているのか？ 何に困っているのか？ を掴むことが大切です。

そしてクライアントの役に立つかどうかも重要です。自分が書きたいことをただ書くのではなく、クライアントが何を求めているのか？ ファンを増やしたいのか？ 商品の魅力を伝えたいのか？ をきちんと理解して、それを達成できる記事を書く必要があります。

そして最後に、Webライターという仕事をすることが、自分自身の学びにもなっているか？ お金を稼げているか？ 社会とのつながりや、やりたいことの実現につながっているか？ ということも重要なことです。仕事を続けていくためには、自分自身が楽しめる工夫も必要です。

たとえ副業であっても、お金を稼ぐという意味ではプロとしての仕事という意識が必要です。プロ意識を持ちつつ、Webライターという仕事を楽しみましょう。

㈱エフピーウーマン

――お金の知識を伝えるWebライターに必要なのは、資格より一般女性の視点

かみむらゆい

できることならお金の心配などせずに、安心して暮らしたい。誰もがそう思うもの。ファイナンシャルアカデミーは「お金の教養」を身に付けることで、人生にゆとりをもたらすマネースクール。そのグループ企業であるエフピーウーマンは、“女性に向けた”お金の知識を伝えています。

そのため、2014年9月に、マネー記事を求める媒体とWebライターとをマッチングする「Money Writer's Bank」が設立されました。

▲ http://www.fpwoman.co.jp/

▲広報担当 武田明日香さん

有資格者の視点より、女性の人生を真に支える視点

「Money Writer's Bank」に登録しているWebライターは女性ばかり。ファイナンシャルプランナー（FP）の資格の有無は問われません。仕事を共にするパートナーになれるかどうかは、原稿の内容やセンス次第なのだそうです。

「FPの資格を活かしたい女性や、資格はなくてもお金の知識を伝えたい女性が活躍しています」（広報担当・武田明日香さん）

妊娠、出産、子育て……。ライフイベントが多い女性の人生は、思わぬ方向に変わりやすいもの。そのたび、さまざまな選択を迫られます。しかし、何事もお金が原因で夢を諦めてほしくはない、と武田さんは言

います。

「お金があれば幸せ、ということではないけれど、お金の知識をつけて、変化をくぐり抜ける力を持ってほしいですね。お金のことを学ばなきゃって意識している女性は年々増えているんですが、“不安だから”という動機の人が多いという印象があります。それも大切なのですが、もっとポジティブにお金に向き合ってもらいたいんです」（武田さん）

Webライターに求めるものは、“お金の専門知識が乏しい一般女性の視点”で、楽しく、正しく、わかりやすく表現できるスキルとのこと。そのためには、新しい切り口を見つける力も問われます。

「マネー記事って溢れているし、FP視点で書ける人はたくさんいるんです。でも、正しく伝えるのはもちろんですが、お金について学ぶことが一般化している今、お金の知識がない読者の視点に立って書くことが大切だと思います。そのうえで、エッジを効かせた記事を書ける人を求めています。これまでのマネー記事とは違った角度から、書いてほしい。だからといって独特すぎない、バランス感覚のある人が理想的です」（武田さん）

企画や書籍執筆など、幅広いチャンスに巡り会える

今後、Webライターには、ライティングだけでなく企画やディレクションもお願いしたいそうです。そのためには、稼働できる人数がもっと必要とのこと。「Money Writer's Bank」には現在、30名ほどのWebライターが登録しているものの、常に稼働しているのは約5名ほど。クライアントへの納品は1ヵ月に60本以上。それほどの量を2名の社員でマネジメントしている、なかなかハードな現状です。

Webライターへの依頼は得意分野に応じて個別に行われます。最初は、個々の資質を見きわめるため、平等にさまざまなジャンルを依頼し、適正を把握するそうです。得意分野が見つかれば、依頼する側も安心して任せられ、Webライターもどんどん能力を発揮できますね。原稿料もスキルによって変化します。また、案件によって報酬額が増えること

もあるとのこと。能力にふさわしい案件と報酬額を心がけているそうです。また、書籍での執筆チャンスも用意されています。

柔軟で素直な女性なら、どんどん活躍できる

ファイナンシャルアカデミーには「自分より多くを経験してきた人の言葉を素直に受け入れよう」という社風があると武田さんは言います。自分では難しいと思ったことでも、チャレンジしてみれば世界が広がるというのはよくあることです。真っ向から否定することなく、まずは素直に新しいものごとや考え方を取り入れるという柔軟性を持つ女性は、「Money Writer's Bank」との相性が良いかもしれません。

「それってWebライターだけじゃなく、世の中全体で求められていますよね。会社員だとしも、フリーランサーだとしても、変わりません。業界も問わず、そういう人に仕事がよっていくのだと思うんです」（武田さん）

武田さんはマネーライターの需要は、これからも増え続けると語ります。

「今、クライアントからの依頼は多くて、お断りすることもあるくらいです。マネーライターを求める企業やメディアは、今後もどんどん増えるはずです」（武田さん）

前向きにお金について学びたい女性をサポートする、その心意気とセンスがあれば、「Money Writer's Bank」で活躍するチャンスは十分にあります。資格がないからという理由で諦める必要はありません。お金にポジティブに向き合う人たちを増やすためだけなく、自分自身がWebライターとして生きていくためにもお金の知識を得る。そんな視点でチャレンジしてみるのもよいかもしれません。

■募集要項

http://www.fpwoman.co.jp/writer.html

第2章

Webライターの基本

本章では、Web ライターの仕事をするうえで知っておいたほうがよいことを説明します。

07 Webライターの報酬

らくしゅみっくす

Webライターをやるうえで気になるのは、もちろん報酬ですよね。いったいいくらになるのか？ そして単価はどのように計算されているのか？ 記事の単価や計算方法、そして2015年現在のWebライター業界の報酬、さらに単価をアップさせるコツまでお教えします。

記事執筆の報酬

2015 年現在の Web ライター業界では、2 種類の単価計算が行われています。1 つは「一文字いくらという文字単価計算」、もう 1 つは「一記事いくらという記事単価計算」です。まず、簡単に 2 種類の違いについて説明しましょう。

文字単価計算

文字単価計算のメリットは、「一記事の文字のボリュームを増やすと報酬額が増える」ことです。ボリュームを増やすといっても、無駄な言葉を書いて文字の水増しはいけません。読み手に役立つ、質の高い情報を詰め込んだことで、文字のボリュームが増えた場合、報酬も文字数によって増えるという話です。

例えば文字単価が 1 円だった場合、4,000 文字を書けば一記事で 4,000 円になります。これが 8,000 文字だった場合は 8,000 円です。しかし、「多く書いた分だけ報酬が増える」ため、得てして「読み手を意識することを忘れてしまった長いだけの文章」になってしまうことがあります。

記事単価計算

記事単価計算のメリットは、一記事の報酬が高めに設定されている場合が多いことです。さらに文字数も多くて 1,500 ～ 2,000 前後（少ない場合は 500 ～ 1,000 程度）と決まっています。無理して文字を多く書くこともないのに、報酬が高くなります。

しかし、「文字数制限」があるので、自分が言いたい「テーマ」を搾り、構成して読み手へ伝える必要があります。

「一文字1円」と言われるWebライター業界

実はこの Web ライター業界、現在では「一文字 1 円」「一記事 3,000 円」程度といわれています。慣れないうちは、時給として計算すると思ったよりも安い報酬となってしまう場合もあります。

かつて、クラウドソーシング市場でのライティング案件は、いっとき価格は下がり続け、酷いものでは文字単価 0.01 円にも満たない案件や 500 文字 80 円など、とても報酬と呼べない仕事がありました。しかし、2015 年現在では、良いコンテンツを求めるクライアントが増えたことで、高単価の仕事が多くなってきています。文字単価で計算した場合 1 円以上になる案件もどんどん増加しています。

単価の良い仕事を探したいときは、まめに探すことを忘れないでください。なぜなら、良い仕事は誰もがエントリーします。情報を見つけるのは、早いに越したことはありません。

なお、単価の良い仕事は、Webライターに求められるスキルも高くなっています。けれど「難しそう」と二の足を踏まないでください。求められるものは「記事にしたい企画を提案する」「記事を構成する」「読み手に届く文章作り」「リズムの良い文章の組み立て」といったスキル。これらは続けていくうちに「意識して継続」するほどに身に付いていくもの。少しずつ頑張っていきましょう！

単価が上がりにくい仕事と上がりやすい仕事

単価が上がりにくい仕事に分類されるのは「記事量を非常に多く求める」仕事や「相場よりもかなり低い単価設定がされた」仕事です。これらはクラウドソーシングに多く見られますが、直接的に仕事をする場合でも多々あります。もし、あなたがそれなりにでもきちんとした報酬を希望する場合はできるだけ避けておきましょう。

それに、これらの仕事を請けないことはWebライター業界にもメリットがあります。安すぎる価格で仕事を請ければ、「安い価格が適正」と思われてしまいます。そのために、「この価格でもよい」から「もっと下げたらコストダウンできる」とさらなる価格崩壊へと発展しかねません。なので、引き受けないことで、「きちんと書いてもらうにはそれなりの見合った報酬を払う必要がある」といった認識につながります。

それに安すぎる仕事は記事の質も下がります。昨今、コンテンツの盗用やモラルハザード（倫理観の欠如）が問題になっていますが、これは、安すぎるゆえにWebライターのモチベーションが下がること、時給計算した場合、大量に書かなくてはいけないことなどが起因なのです。

業界の単価が上がれば交渉をせずとも、働いた分がきちんともらえるWebライターも増えていきます。そうすると、記事の質もスキルも上がり、良質で素晴らしい記事が自ずと増えることでしょう。つまり、自分や周りだけでなくWebライター業界全体のためにも、あまりにも安い価格の仕事は避けたほうがよいといえるのです。

では、逆に単価が上がりやすい仕事とは何でしょう？ それは募集詳細などに「実績に応じて相談に乗ります」といった案件です。もし募集しているジャンルを、自分が書いたことがなくても、これまである程度実績がある場合は、クライアントに単価について相談をしてみるのも手でしょう。

単価アップの交渉も重要

単価をアップさせるには、もともと単価の高い仕事に応募すればよいのですが、条件の良いところはなかなかないものです。ですので、まずは現状の仕事で単価アップの交渉をしてみるのも大切です。

まずは、実績や自分が今、平均としてもらっている単価などをクライアントに提示してみましょう。クライアントには予算がありますから、話がすべて通るとは限りません。だから、もし叶うなら嬉しいといった気持ちで臨むとよいでしょう。

中には実績を考慮して単価の相談に乗ってくれるクライアントもあります。その場合は、相手と丁寧に話し、無理はいわず、お互いが気持ちよくできるところに落ち着くよう、話を進めましょう。

08 Webライターの仕事の探し方

らくしゅみっくす／V(-￥-)V ごとう さとき

本当は教えたくない「Webライターの仕事を見つける場所」。それは、Webサービスにあります。検索して、Webライターを求めているサイトを探し、自分にあった仕事を見つけることです。

Webライターの仕事を見つける場所

Web ライターの仕事は Web コンテンツの記事を書くことです。その募集も Web 上で行われています。具体的には、「検索エンジン」「Twitter 等の SNS」「Web ライターを含めた Web 制作に関わる人が集まるサイト」「編集プロダクションやコンテンツマーケティング企業」の４種類です。

検索エンジン

Google や Yahoo! などの検索エンジンで、「Web ライター　募集」「Web ライター　求人」「SOHO　Web ライター」といったキーワードで検索すると、Web ライターを募集しているサイトが見つかります。これらのサイトからエントリーすることで仕事をもらうことにつなげられます。

Twitter などの SNS

Twitter などの SNS は、検索エンジンではなかなか見かけない案件が多く見つけられます。特徴は、「リアルタイムで流れている募集情報」を見つけることができること。まめに Twitter で「ライター　募集」や「Web　ライター」「メディア　ライター」といったキーワードで検索することです。

こういった検索をするには Web ライティングの仕事を見つける以外にも利点があります。それは、現在の Web ライター業界の動向がわかることです。今、募集している人気のジャンルは何か？どの時期にどんな仕事が募集されているのか？ 他の Web ライターや業界人の動きなど、業界の動向が掴めるのです。

Web 制作に関わる人が集まる特化型のサイト

Web 制作に関わる人が集まる特化型のサイトには、ライター向けサイトと Web 制作関連向けサイトの 2 種類があります。

前者の場合は「ライター@ JOBPORTAL」（60 ページ）が有名です。Web ライターが集まり、クライアントも Web ライターだけを探しているため、検索もしやすく仕事量も豊富で便利です。

後者の場合は、クラウドソーシングやその他のサイトなどがあります。最近活発なのが「Wantedly（ウォンテッドリー）」です。Web 業界向けのリクルーティングサービスで、現在はベンチャー企業やスタートアップ企業が多く利用しています。企業で働いている人の顔が見えるので、気軽に応募できたり、詳細を尋ねたりできるのでとても便利です。しかもエントリー後の返事が早いことも多いため、待っている間がもどかしいということも少ないです（もちろん時期や企業によって時間がかかってしまう場合もありますが……）。

多くは、「メディアで執筆してくれるライターを募集」という形態なので、署名記事を書いてみたいWebライターにはおすすめです。募集しているジャンルは幅広く、ECサイトやマーケティングといったビジネス、旅行やライフハックといった生活、アニメやゲームといったエンタメなどなど沢山あります。中にはママさん向けメディアなどもあります（時期によってはないときも）。

編集プロダクションやコンテンツマーケティング企業

編集プロダクションやコンテンツマーケティング企業は、つねにWebライターを募集しています。これらの会社は外部から請け負ったライティングの仕事を登録及び所属しているWebライターに書いてもらうという方式を取っています。

この2ヵ所から依頼される仕事は報酬も高めなことが多く、それでいて月に数本から数十本とまとまった量になることもあるので、安定して仕事をしたい方にはおすすめです。また、自分ひとりで仕事を取ってくるより頻繁に仕事が見つかる確率が上がります。

募集している記事のジャンルも幅広いため、何かしら仕事を得られる場合があります。また、自分が持っている専門分野や得意なジャンル、経験を活かした仕事を得られる可能性もあります。例えば、看護師や薬剤師、弁護士といった資格系、ファイナンシャルプランナーなどの知識系、他にも自分の好きなものや取り組んできたものなど。「しっかりとした資格でないといけないのではないの？」と思わなくとも、自分が好きで追求していることが専門分野として活かせることは多々あります。

その他のメディアでの見つけ方

求人情報誌やハローワークなどでも、Web ライターの求人は見つかることもあります。しかし、そうした求人は在宅ではなく、通勤形式の求人がほとんどです。

もともと Web ライターは SOHO の一種なので、SOHO のマッチングサイトでも、Web ライターの求人は数多く見つかります。

そうして見つけたサイトのうち、気に入ったサイトを、どんどん「お気に入り」に登録しておきます。あとは登録したサイトを巡回して、気に入った案件があれば応募すればよいわけです。

良い仕事を探すコツは、スピードです。条件の良い仕事は、応募者も殺到します。こまめにサイトをチェックして、条件の良い案件を見つけたらすぐ応募することです。

その他のメディア

求人媒体	説明
ハローワーク	ハローワークの求人は基本的に雇用契約ではない求人情報はない。したがって業務委託契約になる在宅の Web ライターの仕事は見つからないと思ってよい
求人誌	正規雇用かアルバイトがメインで、Web ライターの求人は滅多に見かけない
求人サイト	求人誌を Web 化したサイトには Web ライターの求人は皆無だが、ライターや編集など出版関係に特化した求人サイトには、Web ライター募集の記事もある。ただし在宅でできる案件は多くない
SOHO サイト	在宅ワークのマッチングサイト。Web ライターだけに限らないが、クライアントと直接コンタクトをとって仕事を受注する
登録制マッチングサイト	サイト運営者が仲介して仕事を紹介する。報酬の支払いもサイトを経由している

09 自分自身の売り込み方

らくしゅみっくす

Webライターとして営業する際に必須なものが「Webサービス」。ここでは、SNSやブログ、サイトといったWebサービスから、使い方、営業の方法について、この先に使えるちょっとした小技まで幅広く解説します。

営業には「待ち」と「攻め」がある

「Webライターの営業」といっても一体何をすればよいのか？どんなところで行えばよいのか？ 掴みかねますよね。

まず営業には「待ち」と「攻め」があることを覚えておきましょう。簡単にいえば、「待ち」はこれまでの執筆実績やあなたが書けるジャンル、月の執筆可能本数など、クライアントが欲しい情報をあらかじめ用意しておくこと。「攻め」はこの情報を元に自ら売り込みをかけて行くことです。

Webサービスを駆使して「待ち」を展開する

「待ち」に使えるWebサービスはSNSとブログ、サイトです。

「待ち」を行うならば、自分のSNSやブログサイトのプロフィールに必要な事項を必ず掲載しておきましょう。登録制のサイトやメディアでもプロフィールの掲載を忘れてはいけません。

プロフィールに必ず掲載することは、自己紹介、ライター歴・今までの執筆実績(ジャンルから記事URLまで漏れなく記述します)・得意なジャンルや専門知識などです。例えば「得意な分野はファッション」「月に20本以上書けます!」「○▲というメディアで書いています。記事のURLはこちら」といったものですね。

クライアントの編集プロダクションやコンテンツマーケティング企業などでは、初回にプロフィールの提出を求めてきますが、用意されたフォームに自ら登録しておかないといけない場合もあります。

Webライターを探しているクライアントの多くは、「ライター」という言葉の他に書いてほしい「ジャンル」などを入れて検索をかけています。だから必ず書けるジャンルや得意な分野を明記しておくのです。記事として書いたことがなくても、これまで仕事で携わってきた分野を書いておくことも忘れずに。現場での知識がある、つまり専門分野に当たるわけですから、それは何よりも大きな特技となります。

大切なことは、用意されたフォームに合わせて必要な情報をすべて盛り込むこと。そして、積極的な自己PRをすることです。

実績のあるWebライターに合致した案件が出た場合、全体に募集するよりも先に直接打診をしてくれることがあります。なので、そんなときのためにも、プロフィールは埋め、簡単な案件でもよいのでチャレンジしておくとキャリアアップにつながります。

ブログとTwitter

ブログを使う際は無料ブログでも、はたまたレンタルサーバーを利用してWordPressなどで作ってもどちらでもよいでしょう。なお無料ブログは、テンプレートが揃っている、SEO面で多少有利というメリットが、レンタルサーバーを利用してのオリジナルブログは、WordPressやサーバーなどブログを構築するためのIT関連知識が身に付くというメリットがあります。

続いてTwitter。ここでは「記事を書いた」「記事が掲載された」などの実績、そして「興味があること（これはあなたの人間味をだすことにつながります）をツイートします。「情報を流す」ことで「誰かの目に止まります」し、そこから「バズる（口コミで広がる）」可能性だってなくはありません。また、同じようにWebライターをしている人と交流をはかることもできます。

Facebook と Google+

これらはキュレーションメディアのような表示スタイルのため、とても「見やすい」です。またWebライターや編集者のコミュニティを探すことも可能です。

「攻め」に使えるWebサービスは Webクリエイター特化サイト

Web制作に関わる人が集まる特化型サイトでもアピールすることが大切です。

Webライター向けのサイトなら、Webライターを探しているクライアントが数多く存在しますし、Webクリエイター向けのサイトであればクライアント以外に新規に開設したメディアなどが存在し、エントリーすることも可能です。

Web 制作関連向けの「クラウドソーシング」には Web ライター向けに「ライティング」のカテゴリが存在し、日々多くの募集内容が更新されています。クライアントがプロフィールを見て仕事を依頼してくることもあるので、必ずプロフィールを埋めておきましょう。

Webライターの先輩から盗もう

SNS やサイトを見ているうちに、同じ「Web ライター」を見つけることもあるでしょう。むしろ積極的に探してみてください。探すのはアピールに長けた有名 Web ライターでもよいのですが、一番よいのは自分と同じジャンルを書いている人です。もちろん主婦 Web ライターやママさん Web ライターも見てください。

自分と同ジャンルということはライバルになるわけですが、どのようにアピールしているか？ どういった内容を武器にしていたり書いていたりしているのか？ などがわかります。するとそこから営業方法を学べます。

それに同じ Web ライターのプロフィールを見ることで、「私もこうなりたい！」といったあなたのやる気につながります。モチベーションからスキルまで、先輩たちの技を盗むのも勉強です。

10 クライアントとの付き合い方

V(- ¥-)V ごとう さとき／らくしゅみっくす／冨田弥生

Webライターは個人事業主です。社会人としてマナーを守り、クライアントとは対等な立場で仕事をする必要があります。クライアントと接するうえで覚えておくと便利な「信頼を構築する方法」があります。

経験の有無が問われる仕事

Web ライターの求人情報を提供しているサイトの多くは、募集案件に関して、未経験者でも応募が可能か否かを明記してあります。

本来であれば 1 本でも仕事を受注し、納品したという実績があれば経験者といえます。初めて仕事を取る場合を除いて、経験者として仕事に応募することが可能です。

しかし、未経験者不可という案件は、クライアント側も一定以上のクオリティを求めてきます（だから報酬額もよいのです）。自信があるのなら、未経験者不可の案件に積極的に応募してもよいでしょう。ただし、自分のスキルに合わせて仕事を選ぶことが大切です。

また、具体的な仕事内容もチェックする必要があります。もちろん Web ライターの仕事ですから、Web への記事を書く仕事には違いありません。しかし、書く記事の内容や文字数などは、案件ごとに大きく変わってきます。

自分の得意なジャンルの記事を選び、確実に納期が守れる案件かどうかを確認して応募しましょう。

クライアントと信頼を構築する方法

クライアントとの付き合いで最も覚えておきたいのは、「信頼を構築」することです。では、信頼を構築するために必要なこととはなんでしょう？

ビジネスマナーを持つ

Web ライターとクライアントは、仕事のお付き合いになります。ですからメールの書き方から、打ち合わせのためにクライアントの事務所に行った場合のマナーまで、社会人として礼儀を持った対応をしなければなりません。

とはいえ、あまり堅苦しく考える必要はなく、ビジネスマナーの本を読むなり、ネットで調べられる程度の知識をもって行動すれば大丈夫でしょう。

納期を守る

Web ライターが特に守らなければいけないのは「納期を守る」ということです。

仕事は定められたスケジュールの中で進んでいます。納期が遅れるようなことがあれば、全体のスケジュールに支障が発生し、多くの人に迷惑がかかってしまいます。

仕事を受注するときは、自分の能力に合わせて十分可能な納期で受けること。万が一トラブルが発生して納期に間に合わない可能性が出てきた場合、すぐにクライアントに相談すること。など、社会人として当たり前のルールを守って仕事をしましょう。

提示された納期をきちんと守ることは何よりも大きな信頼につながります。Web ライターは辞めようと思えれば簡単に仕事は辞められます。クライアントとの連絡で使われるのは主にメールか電話、Skype などです。つまり、連絡に応えなければ辞める方向に簡単に持って行けてしまえるのです。

「急に Web ライターと連絡がつかなくなった」などはよく聞く話です。つまり、普段からきちんと納期を守るだけで、あなたとクライアントの間に信頼が築けるのです。ときには怪我や病気で急に入院するなど、「連絡したくてもできなかった」といった場合も出てくるでしょう。こういったときに戻ってから連絡をして信じてもらえるのは「普段からきちんとやっている Web ライター」です。

仕事は最後までやり遂げる

仮に何らかの理由で仕事ができなくなってしまったら「辞める」ことは必ず伝えましょう。“バックレル”“音信不通”になることは社会人として最もしてはいけないことです。

「そんなの当たり前のことじゃない」と思われた方もいるかもしれません。しかし、思うように原稿が書けない中、納期も差し迫ると、こういった基本的なことでもないがしろにしてしまう Web ライターは多いです。こういった基本中の基本事項を忘れず、仕事に取り組みましょう。

クライアントの想像を超える最高品質の記事を納品しよう

クライアントから修正指示があったら、修正指示をよく理解するようにして修正しましょう。クライアントに成り代わって原稿を書くことがWebライターの仕事です。クライアントの指示に疑問があれば必ず問い合わせるようにします。

また「クライアントの指示はそのまま直せばよいんでしょ」というのはあまりよくありません。クライアントからの指示は自分が気づかなかった点だったりします。それを改善することでよりよい原稿になります。クライアントが求めているのは、修正をそのまま受け入れるWebライターではなく、よりよい原稿にブラシュアップしてくれるWebライターなのです。

もちろん、クライアントの指示を無視しろ、といっているのではありません。修正指示があったら粛々と修正作業に取り組みましょう。

クライアントとは対等に付き合おう!

Webライターは個人事業主です。クライアントとは対等に付き合うべきですし、対等に付き合ってくれるクライアントを探しましょう。

Webライターの求人情報を見るとクライアントがどんなスタンスでWebライターと付き合いたいかと考えているか、がわかります。求人情報でチェックする条件を挙げながら紹介しましょう。

サムライト㈱

――心が動かなければ行動は起きない。ユーザーファーストを追求した、感情を動かすコンテンツにこそ価値がある

かみむらゆい

人の心を動かすコンテンツ作りに徹底的なこだわりを持つサムライト。国内大手企業はもちろん、世界的な企業など、35～40社のWebメディアの運営を手がけています。コンセプトメイキングからサイト構築、コンテンツ企画に記事制作、さらには集客施策に至るまで、オウンドメディアのすべてを担うサムライトでは、Web ライターにも妥協しないコンテンツ作りへの意識の高さを求めています。

▲ http://somewrite.jp/

▲ CCO（チーフコンテンツオフィサー）／編集長 後藤亮輔さん

検索エンジンを意識することは大切。ただ、読み物としての価値はあるか？

サムライトで活躍する Web ライターは 10 名強のインターン生が中心。編集者は業務委託を含め 15 名だそうです。

コンテンツの質にこだわるサムライトにとって、外部の Web ライターでは意図伝達が難しいため、一部の専門的な記事を除き、内製をとっていると後藤さんは言います。

「ユーザーファーストでコンテンツを作っています。検索エンジン、SEO を意識してライティングすることはもちろん大切です。ただ、検索順位が上がっても、記事に中身がなければ読み手にとってハッピーじゃない。検索順位を上げることは目的ではないですよね？ あくまで

手段であって。クライアントにとっても記事が読まれ、期待する効果が上がらなければ意味がないです。読み物としてユーザーの心を動かすものを作ること、それがポリシーです。でなければユーザーの行動も喚起できない」（CCO／編集長・後藤亮輔さん）

そんな心を動かす記事を書くためには、料理に例えると味付け部分が最も大切だと言います。

「扱う、書くテーマが料理でいう具材で、インタビューやコラムなどの表現手法がいわゆる調理法。ただ、それだけでは料理として未完成で。味付け、つまり『読む相手が好む味に仕上げること』が大切だと思っています。届ける相手、つまりペルソナをしっかりと見つめることで、読者の感情がより動きやすくなる。結局、感情を動かさないと良いコンテンツとはいえないんです。だから、メンバーには『この読者って何を求めてるんだろう？ 何をしてあげたら喜ぶんだろう？』って、口癖みたいに言ってます」（後藤さん）

結果の出るWebメディアを作るには、緻密な設計も欠かせません。ターゲットのパイやインサイトを踏まえ、CCO（チーフコンテンツオフィサー）／編集長の後藤さんが論理的に設計。企画と執筆は、編集者とWebライターが担います。

「建築で言うと設計図を描くのが僕や社内の編集者。家を建てるフェーズに入ったら、後はWebライターの自由です。ペルソナを徹底的に作って、その人たちに届くような企画を出してもらったうえで執筆してもらいます。ペルソナを描くのが難しい場合は、『近くにこういう人いない？』って聞いたうえで腑に落ちるまでコミュニケーションは重ねます」（後藤さん）

文章力ではなく、まず人間力

サムライトがWebライターとして採用する条件は、文章力に長けた人ではありません。大切なのは、どれだけ人が好きか、ということ。文章力はテクニックを磨けば伸びる。しかし、人を想う心は簡単には育てられない。人を喜ばせたいという想いが良い記事を作るのだと言います。その意味からも、タイトルやリード文を月並みな文章で書くWebライターは困ると言います。

「ほとんどの読者はタイトルで惹き付けられ、リードで恋に落ちると思います。つまり、第一印象の部分でしっかり掴まないとエンゲージしない。タイトルもリード文も読者の嗜好に合わなければ、読まないですよね。きっと、恋愛と似ていると思います」（後藤さん）

その記事は、なぜ記憶に残っているのか、考えることがライターとしての価値に繋がる

Webコンテンツの質が向上すれば、Googleからもより高い評価を得られ、クライアントも読者もそして書き手であるWebライターにとってもHappyな世界になると後藤さんは語ります。

「最近、Webコンテンツを読むと、出版系出身のライターが書いのかなって思う記事をよく見ます。タイトルもリードも非常にうまい記事が多くなったんですよね。ペーパーメディアで経験を積んだライターが元々ある才能やスキルをWeb用にカスタマイズすると、読み物として、とてもレベルの高いものができます。だからWeb出身のWebライターも質を上げていかなきゃいけない。自分が読んで記憶に残っている記事の理由を紐解けば、良い記事が作れると思います。自分が読者であるときの気持ちを思い出しながら書いてほしいですね」（後藤さん）

そんなサムライトでは、基本的には内製で記事を作っていますが、優秀な人材であれば外部ライターであっても仕事をどんどん依頼しているようです。何よりもクオリティと効果にこだわるため、Webライティングの中では比較的、報酬金額を高く設定しているとのこと。Webライターとして本気で生きていくこと、Webライター以上を目指す人には、最適な環境と言えそうです。

■募集要項

https://www.wantedly.com/companies/somewrite/projects

第3章

Webライターの仕事の見つけ方

本章では、Web ライターの仕事を見つけるために活用したいサイトを紹介します。

11 日本最大のクラウドソーシングサイト ——Lancers（ランサーズ）

V(- ¥-)V ごとう さとき

クラウドソーシング（Crowdsourcing）とは、ネットを利用して不特定多数の人材を募集したり、仕事を請け負うサービスのことです。「Lancers」は日本最大級のクラウドソーシングサイトで、Webライターの仕事も多数見つかります。

クラウドソーシングとは？

Lancersはクラウドソーシングとしては、日本最大級の規模を誇っており、およそ在宅でできる仕事なら大抵の仕事はすぐに見つかります。

「プロジェクト」と「タスク」を使い分け、自分のペースで仕事ができる

Lancersで仕事を探す場合、最初にすることは会員登録（無料）です。自分のスキルや情報を詳しく登録すれば、それにマッチした案件情報が提供されます。

仕事はWebライターの場合、「タスク」と「プロジェクト」に分かれています。「タスク」は簡単な記事作成をこなしていく方式で、作成した記事をクライアントが承認すれば、報酬が発生します。「プロジェクト」はクライアントが依頼している仕事に対して、見積もりを提示して、案件を落札する方式です。

報酬は間に入るLancersが手数料を引きますが、Lancersがクライアントに代行して報酬を支払ってくれるので、報酬の未払いなどのトラブルは発生しません。

クラウドソーシングサイトのデメリットとは？

豊富な仕事が提供され、自分のペースで仕事がこなせるクラウドソーシングですが、もちろんデメリットもあります。

直接クライアントと打ち合わせをすることはないので、クライアントの指示が曖昧だと、何度も記事を書き直すといった無駄な手間がかかるケースもあります。

また、「プロジェクト」では、競争入札になるため、満足のいく単価で仕事が受注できない可能性もあります。

http://www.lancers.jp/

12 Lancersと並ぶ日本最大級のサイト ——CrowdWorks(クラウドワークス)

V(- ¥-)V ごとう さとき

「Lancers」と並び、日本国内で最大級を誇るクラウドソーシングサイトが「CrowdWorks」です。サービス内容は両方ともほぼ同じで、案件も被っていることもあります。しかし、それぞれ独自の仕事もあるので、両方に登録して仕事を探しているWebライターも多いようです。

案件数は日本最大級

「Lancers」と並び、日本国内で最大級のクラウドソーシングサイトが「CrowdWorks」です。2つのサイトの規模は、ほぼ同じだと考えてもよいでしょう。

仕事の受注形態は「Lancers」と微妙に違う

CrowdWorksで仕事を探す場合も、Lancersと同じく会員登録(無料)をすることから始まります。自分の仕事情報を登録しておけば、マイページに、希望に近い案件が表示されます。

Webライターとしての仕事の受注方法もLancersとほぼ似通っており、呼び名も「タスク」と「プロジェクト」となっています。ただ、発注形式に若干の違いがあります。

CrowdWorksにはLancersにない「固定報酬制」という案件

があります。これは「タスク」と「プロジェクト」の中間のような形式です。

固定報酬制はまず、案件に応募し、クライアントと正式に契約を結んだ後に仕事を開始するというものです。タスクはすぐ仕事を始められますが、納めた仕事がクライアントに承認されなければ報酬が得られないというデメリットがあります。一方、確実に報酬が発生する仕事がしたいのであれば、固定報酬の案件を狙った方がよいでしょう。

LancersとCrowdWorksは両方しよう

日本国内でクラウドソーシングサービスサイトとして、豊富な案件を提供しているのが Lancers と CrowdWorks です。

Web ライターがどちらを利用するのがよいかといえば、「両方利用するのが一番」というのが結論となります。

http://crowdworks.jp/

13 クライアントと直結する
——ライター@JOBPORTAL

V(-￥-)V ごとう さとき

このサイトはWebライターに特化したマッチングサイトです。登録制ですが、未登録でも仕事は取れます。クライアントと直接やりとりをするスタイルで、サイト管理者はノータッチのようです。

Webライターマッチングサイトとしては老舗

Web ライター求人に特化した Web サイトとしては、老舗の域に達しているのが『ライター@ JOBPORTAL』です。このサイトの特徴は求人·求職に関してサイト運営者が直接関与しない点です。

ライター登録して、サイトの掲示板で仕事を探す

登録された案件に応募することから始まります。応募した Web ライターの実績や自己アピールを気に入ったクライアントがあれば、直接仕事が発注されることもあります。基本的に仕事の応募は、サイト内の掲示板を通して行われます。ですから仕事がほしい Web ライターはライター登録をしなければなりません。

直接クライアントとの取引も可能

最近の傾向では、求人案件の記事にクライアントがメールアドレ

スを載せたり、募集ページのURLを記載している案件も多くあります。ですから、わざわざライター登録をしなくても、クライアントとダイレクトに取引をすることが可能になっています。

案件の更新頻度も高く、週末を除けば、ほぼ毎日複数の新規案件がアップされています。

応募した仕事が取れないこともよくある

欠点として、直接クライアントとコンタクトが可能な分、人気案件は応募が集中し、採用されなくても連絡がこないケースがあります。Webライターとクライアントが直接取り引きする場所を与えるだけ……というのが、このサイトのスタンスで、仕事上のトラブルも自己責任になります。

しかし、単価のよい案件もよくアップされているので、自分で仕事を取ることになれた人であれば、使いやすいサイトでしょう。

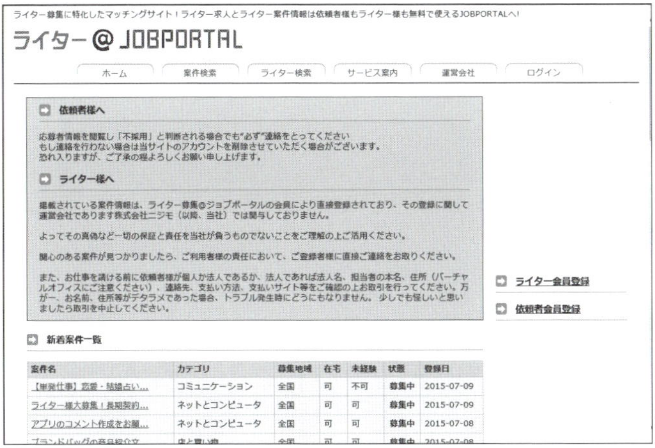

http://writer.jobportal.jp/

14 運営は個人で意外な案件が見つかる
――フリーライターの案件地帯

V(- ¥-)V ごとう さとき

Webライターの案件は、大手サイトばかりではありません！個人が運営するサイトにも、意外と好条件な案件が紹介されていることもあるのです。そんな隠れた穴場サイトのひとつが「フリーライターの案件地帯」です。

運営は個人のフリーライター

現役のフリーライターが、自分に合わない案件や募集人数が多い案件など、個人で抱えておくにはもったいない情報を提供している個人サイトが「フリーライターの案件地帯」です。

独自の情報網により意外な案件が見つかることもある

案件紹介情報というより、リンク集に近いサイトですが、マッチングサイトやクラウドソーシングサイトに掲載されていないような案件が紹介されていることもあります。

更新頻度は低いので気が向いたらチェックしてみよう

サイト運営はあくまでサイト管理人の善意で行っており、求人情報も無料でアップしているため、毎日更新されているわけではありません。

またライター全般の求人情報なので、出勤型のライター募集だったり、他のマッチングサイトへのリンクだったり、在宅のWebライターに限定された情報ではないので注意が必要です。

営業の幅を広げるのに利用してみよう

大手マッチングサイトやクラウドソーシングサイトに掲載される案件の仕事内容というのは、意外とジャンルや文字数が似たり寄ったりの案件が多かったりします。

今まで書いたことのないような分野の記事や、変わったライティングをしてみたいと思ったら、こうしたサイトで仕事を探してみるのもよいでしょう。

http://www.anken-chitai.biz/

15 ニュースサイトデビューができる ——ガジェット通信

V(-￥-)V ごとう さとき

登録するだけでニュースサイトのWebライターとしてデビューできてしまうのが「ガジェット通信」です。ただし原稿料は0円スタート。人気のある記事を投稿し続ければ、原稿料が発生して、やがてプロのWebライターへの道が開けるかもしれません。

大手ニュースサイトも募集している

Web ライターの募集サイトを検索すると気づく方もいるかもしれませんが、ニュースサイトとして知名度の高い『ガジェット通信』も新規の Web ライターを募集しています。

資格もキャリアも不要。登録すればすぐにWebライターになれる

「ガジェット通信」の特徴は、資格やキャリアなどは不要なこと。登録すればすぐに記事を投稿できます。運営サイトの側から、トライアル原稿の提出を求められたりすることもなく、すぐに Web ライターデビューできてしまいます。

原稿料は0円スタート。人気のある記事を書こう

登録すれば Web ライターとして記事を投稿できるのですが、投

稿できるのは姉妹サイトの「連載.jp」（http://rensai.jp/）で、このサイトに投稿した記事は基本的に無報酬です。

「連載.jp」で人気のある記事や、編集部が注目するような記事が書ければ原稿料が発生し、さらに面白い記事を書き続けられれば、ガジェット通信で起用され、固定報酬のWebライターになれるという仕組みです。

プロライターを目指すなら名前も売れる

署名記事が書けるので、Webライターとして名前を売っていくのには役立つでしょう。ただし、クオリティの高い記事を書けなければいつまでも無報酬です。

確実に副業として、すぐに固定収入を目指す人には向いていませんが、プロのWebライターを目指す人であれば、コツコツ実績を積むよりプロデビューは早いかもしれません。

http://getnews.jp/anews

16 実態はライター養成機関？ ――four class（フォークラス）

V(- ¥-)V ごとう さとき

募集案件はWebコンテンツから、出版原稿まで幅広いライティング案件を提供しています。サイト運営会社が、Webライターに求めるクオリティは高いけれど、ちゃんと指導してくれます。

まるでライター養成機関？ 案件を幅広く募集

「four class」はライターのマッチングサイトではなく、クライアントが直接、Webライターに仕事を発注しています。ただ、こういったクライアントの場合、大抵は運営しているサイトのWebコンテンツのライティングに限定されています。

ところが「four class」はWeb記事に留まらず、出版物の本格的ライターや編集といった案件も発注しています。しかもWebライター本人が希望すれば、積極的に指導してくれます。

チャレンジすればチャンスは広がる

four classは基本的に登録するだけで、すぐにWebライターとして仕事ができます。定められたサイトのテーマに沿った企画を提案し、それが採用されたら記事を書いていくわけです。そうした定番の仕事以外にも、積極的にチャレンジすれば出版物の記事や取材記事など、活躍できるチャンスが広がります。

スキルアップに役立つ

ただし、企画や記事は編集部から、厳しいチェックが入ります。他のクライアントの場合、校正は誤字脱字のチェック程度だったりするのですが、four class の編集部が要求する記事のクオリティは、もう少し高くなっています。とはいえ、どう書き直したらよいのかは、ちゃんとアドバイスがもらえますので、Web ライターとしてのスキルアップに役立つでしょう。

そんなわけで four class での仕事は、Web ライターとして育成してもらえるうえ、記事が納品できれば報酬ももらえるわけです。何度もダメ出しを食らった場合、時間的なロスは大きいかもしれません。しかし、Web ライターとしてスキルアップを目指している人であれば、大いに利用する価値のあるサイトでしょう。

http://www.four-class.jp/recruit/writers.php

㈱ドットライフ

——量より質より、世界観。読者と話し手をしっかりつなぐ、コネクターとしての Web ライター

かみむらゆい

日本人が夢をあきらめる平均年齢は 24 歳だそうです。人生の岐路に立つとき、夢をあきらめる前に選択肢を増やしてほしい。そんな想いから、同社は、another life. を「一日だけ、他の誰かの人生を」というコンセプトを掲げ、さまざまな人生を追体験できる Web メディアとして運営しています。

▲ http://dotlife.co.jp/

▲代表取締役 CEO 新條隼人さん

人生を語るうえでキーになる、心情の描写を丁寧に

another life. の取材対象者は 20 ～ 80 代の会社員から経営者までと幅広く、誰かの悩みを解決しうる人をインタビュー相手として選定しています。しかし、人の人生についてインタビューすることは、容易なことではないと新條さんは言います。

「インタビュー相手の人生の深い部分まで引き出すには、信頼関係が不可欠です。その相手の経験がどんなふうに今につながっているのか？

点を線にする編集作業も難しいです。なにしろ、何十年分もの人生を 3,000 字にまとめるんですからね。とてもハードですよ」（代表取締役 CEO・新條隼人さん）

そのため、取材する負担が減るようにと記事構成のテンプレートを用意しているとのこと。『情熱大陸』などのドキュメント番組を観て研究して作られたテンプレートは、現場での学びや読者の声を取り入れ、アップデートし続けています。

「質問の種類は大きく3つ。なぜそれをしたのか？ という『行動の背景』、『具体的なエピソード』、そのときどう思ったのかという『心情』です。とくに心情は丁寧に描写しますね。テンプレートはあっても、そのとおりでは進まなくて、その場で考えないといけないことのほうが多いかもしれません」（新條さん）

読者と話し手を確実につなぐ、２つの目線

1日1本以上、月間40本ほどの記事がアップされるanother life.は、立ち上げから1年が過ぎ、600人ほどの『人生』が掲載されています。現状、Webライターはインターンとフリーランサーが数名のみ。新條さんと取締役CTO・島田龍男さんの経営者2名も自ら取材に出向きます。1時間半で取材と撮影を終え、3時間で執筆。スピード感が問われる仕事です。Webライターをもっと増やしたいのだけれどそこには悩みがあると言います。

「今、弊社でもWebライターは必要なんです。なので、なるべく早くなれてもらえるよう、取材のマニュアル化・テンプレートの簡易化を進めています」（新條さん）

Webライターには、取材対象者に心を開いてもらう力を求めるとのことです。取材されることが初めてという人も多いため、心を開ける空気感を作れることがWebライターには必要なのです。

「悩みを抱える読者のためなら、とインタビュー相手が自ら離婚やうつ病など他人には言いにくい話を開示してくれることもあります。だから、どこまで親密なコミュニケーションができているかがポイントなんです」（新條さん）

取材ができるWebライターには2つの視点を持つことも重要だと言

います。

「1つは取材対象者への視点。話し手のイメージが途切れた瞬間に、読者もついてこれなくなってしまうんです。そうならないよう、うまくストーリーをつなげられるかどうかということ。もう1つは、記事として聞き足りない部分がないか、論点がずれていないか、ということをチェックする俯瞰した視点です。この2つの視点を持っていて、なおかつ最終的には取材対象者に想い入れすぎず、あくまでも読者のために書くことができるWebライターを求めています」(新條さん)

メディアの流行である量や質より、「世界観」を大切にしたい

ソーシャルメディアやキュレーションメディアが流行し、それぞれの媒体力が弱まっている現代でも、another life. には another life. の記事だと気づかせる力があります。

「量や質より世界観が大事なんです。読めば、抑圧されたものを解放できる、『自分もこんな風に生きてよいんだ』と思えるのが another life. です。another life. という看板にはこだわって、読者に愛着を持ってもらいたいと考えています」(新條さん)

また、より多くの人が生きやすくなる時代を創るビジョンも語ってくれました。

「情報にはすごくアクセスしやすくなっています。でも、人がどんな想いで選択をしたのかって、Googleにも取り得ない情報かもしれませんね。そうだとしても、より多くの人が解放されるために、心情を蓄積していけたらよいなと思っています」(新條さん)

Webライターには何よりも、相手との信頼関係の構築力を求めているとのこと。another life. のビジョンに共感し、仕事を通して自分の道を模索したいという人なら、アプローチしてみてはいかがでしょうか。

■募集要項

http://dotlife.co.jp/wanted.html

第4章

ライティングの基礎

本章は、良い文章を書くためのはじめの一歩です。

17 「わかりやすい文章」を書くテクニック

松沢未和

Webライターが書く文章で求められるのは、「わかりやすい文章」であること。では、
そもそもその「わかりやすい文章」とは何でしょうか？「わかりやすい文章」を書くにはテクニックが必要です。

わかりづらい文章とは

読み手の知りたいことが書いていない

記事のテーマが決まっていたら、おのずと「読み手の知りたいこと」は決まってきます。そのことを意識して書いていない文章は、読み手に伝わる文章にはなりえません。

具体例を用いて説明しましょう。「池袋で 1000 円以内でおいしいランチが食べられるお店」というテーマがあった場合、当然ですが池袋の飲食店について書くことになります。それにもかかわらず、新宿の飲食店について書いてあったら、読み手の知りたいことを書いていないことになりますよね。「テーマとのずれがあり、書くべきことが書かれていない」という現象が生じてくるのです。

この他にも、「前書きばかり長くて結論にまで行き着いていない文章」も、読み手の知りたいことを書いていないことになります。

読み手が知りたいのは、あくまで結論です。特に Web ではその傾向がくっきり出ます。はっきりいうと、Web を見る人はかなり

短気です。「長い文章は読みたくないから、Webで調べて終わらせる」という人がほとんどなのです。そういう人にとっては、「結論のない文章」ほど嫌なものはないのです。

事実と意見が交じり合っている

記事を書くうえでついついやってしまいがちなのが、「客観的な事実と自分の意見が交じり合ってしまうこと」です。

「これは客観的な事実」「これは自分の意見」ということが明確にわかるようにしないと、読者の混乱を招きます。もちろん、書き手であるあなたが伝えたいこともぼやけてしまうことにもなります。

そのため、読みやすい記事を書きたいのならば、客観的な事実と自分の意見をごっちゃにしないように気を付けることです。

一文にあれこれ情報を詰め込もうとする

「文章の下手な人」の特徴として、「一文にあれこれ情報を詰め込もうとする」ことが挙げられます。このような文章を読んだ場合、情報が詰め込まれすぎていて、一度読んだだけでは理解できないという問題が起こります。そのような文章は結論がなかなか見えないため、「で、結局、何が言いたいの？」という不信感を読み手に抱かせることにもなります。

このことを回避するには「一文で伝えるべきことはひとつだけ」と決める「一文一義」で書くことが重要となります。文章を書くときは「自分がこの一文で一番かつ確実に伝えたいことは何か？」ということを意識するようにしましょう。そして「一番かつ確実に伝えたいこと」以外は削る、という勇気を持つ。もしくは2つに分けてしまう。文章は長ければ良いものでもありません。短くても言いたいことが的確に伝わっていれば、良い文章なのです。

わかりやすい文章のコツ

起承転結で構成する

文章の構成方法として「起承転結」があります。

・起：文章の冒頭において、読者を話に引き込む
・承：主題を展開する
・転：視点を変えて、読者の興味を引く
・結：全体のまとめを行う

この4つの要素が盛り込まれている文章が良い文章とされることが多いです。つまり、書き手の言いたいことが的確に伝わる文章の基本的な構成になっています。

しかし、通常の文章とは違って、Webの場合は「結」、つまり結論を先に持ってきたほうがよいです。Webで情報収集をしている人の多くは「結論だけわかればよい」という人だからです。とはいえ、文章であることには変わらないので、この起承転結の4つの要素を盛り込むことはやはり求められるのです。

数字を入れる

文章をよりわかりやすいものにしたいのならば、具体的なデータを入れることです。その代表的なものが「数字」です。例えば、「デパートでバーゲンが行われていて、洋服が安くなっている」という文章があったとします。でも、これだけでは「で、どれぐらい安いの？」という疑問が生じます。この文章をよりわかりやすくするためには具体的にどれぐらい安くなっているか、という数字を入れます。つまり、「デパートでバーゲンが行われていて、洋服が 50% オフで買うことができる」となります。こうすると、「ああ、かなり安くなるみたいだね」ということをより強く認識できます。

箇条書きにしてまとめる

箇条書きには次に挙げるメリットがあります。

書き手にとってのメリット

複雑な内容を分類して書くことができるため、書きやすくなります。1 つの文章にまとめてしまうと難しくなる内容でも、要素ごとに分解して書けば簡単に書けます。1 つひとつの要素について理解したうえで書けるので、説得力のある文章になります。

読み手にとってのメリット

文章が簡潔に表現されているので、読みやすいです。要素ごとに分解すれば文章は自然と簡単になります。つまり読みやすい文章になっているということです。

18 良い文章を書くためのポイント

松沢未和

ひと口に「良い文章」と言っても、解釈は人によってさまざまです。しかし、Webライティングという仕事で求められる「良い文章」には条件があります。

良い文章とは

文章は目的によって、求められる資質が異なってきます。例えば、仕事で使う文章であれば、的確に言いたいことが書いてある文章が一番良いとされるでしょう。詩や小説などの文学作品であれば、言い回しも工夫した文章が求められます。

文章を書くときは、「私は今からこういうテーマについて書きます」というように、テーマを明確にしましょう。テーマが明確であれば、おのずと何を書けばいいか、ということが絞り込めてきます。また、テーマを決めておくと、資料などを集めるときにも効率的に行えるので、覚えておきたいポイントの１つです。

体言止めでなく平易な文章

体言止めは文章の終わりに名詞をもってきて締めくくる表記方法のひとつです。

体言止めは効果的に使えば文章の歯切れがよくなります。その一方で、動作の部分があいまいになり、文章自体が何を伝えようとしているのかわからなくなる可能性がある表現方法です。

Web ライティングで読んでもらえる文章にするためには、なるべく平易な表現を使うことが求められます。つまり、「難しい言い回しを使わない」「わかりやすい表現に置き換える」などの配慮が必要となるのです。

あなたの書く文章が小説や論説文なら、難しい言い回しや専門用語を使うことはある程度必要になるでしょう。しかし、難しい文章を書く必要はないのです。

表現に凝ってわかりにくい文章になってしまうよりは、平易な表現を用いてわかりやすい文章を書くこと。これが Web ライティングでは求められているということを忘れないようにしましょう。

敬語はやめる

基本的に Web ライティングの文章で敬語を使う必要はないと思ってください（特定のお客様を想定して書く文章、例えばセールスレターなどであれば話は別です）。

敬語を使いこなすのは案外難しいです。敬語には主に次の 3 つの種類があります。

- **尊敬語**
  話題中の動作や状態の主体が話者よりも上位である場合に使われる言葉
- **謙譲語**

話題中の動作の客体が話題中の動作の主体よりも上位である場合に使われる言葉

・ていねい語

聞き手が、話し手よりも上位であることを表す言葉

これらの３つの違いを理解して、それを文章に盛り込んで書く、というのはなかなか困難な作業になるはずです。また、敬語には使ってはいけないものも存在します。

・二重敬語

ひとつの語句に同じ種類の敬語を二種類使ったもの。例)「言う」→「おっしゃられる」

・謙譲語に「れる」をつける

尊敬語にはならない。例)「参られる」→正しくは「いらっしゃる」

そのほかにも、「敬語は統一して使う」「物に対して敬語は使わない」「敬称としての『お』『ご』『御』の使い方」など、たくさんのルールが敬語には存在するのです。これらのルールを破った敬語は、なんとなくおかしな印象を与えてしまいます。

つまり、敬語を的確に使いこなして文章を組み立てるのは、生半可な経験ではできません。クライアントから「敬語を使って文章を書いてほしい」という要望があったなら話は変わってきますが、そうでない場合は安易に敬語を使った文章には手を出さないほうが賢明でしょう。

敬語を使うとどうしても文章が堅苦しい表現になってしまいがち

です。あくまで、Web ライティングの文章は「相手に読んでもらえるか、相手の心に響くか」ということが重要視されます。さすがに、あまりに乱暴な表現を使うのは感心できませんが。そうでなければ、必ずしも敬語を用いて書く必要はないはずです。表現にこだわるよりは、「相手に呼んでもらえるか、相手の心に響くか」ということを考えて取り組むようにしましょう。

である調はやめる

文章の最後を「である」で終わる書き方をである調といいます。よく、論文などを書くときに使われます。

である調は文章が引き締まった雰囲気になりますが、読み手に堅い感じに受け取られるという欠点があります。

なので、Web ライターはである調ではなく、ですます調で書くほうがよいでしょう。

ですます調で書かれた文章は優しい感じになります。スピード感や緊張感を出したいときにはあまり向いていませんが、読みやすく、理解しやすいという利点があります。

また、ですます調とである調を混ぜて使ってはいけません。

19 接続詞を上手に使う

松沢未和

接続詞を上手に使うことで、ワンランク上の文章に見せることができます。Webライターとしてのスキルアップを目指すなら接続詞の活用方法を身に付けておきましょう。

接続詞を使う

接続詞とは「そして」や「しかし」など、文章と文章をつなげる役割をする言葉です。

では、接続詞を使うことでどんなメリットがあるのでしょうか？ひと言でいえば、「文章の構造を明確にできる」ということがあげられます。

元の文章

今年、庭にバジルを植えました。その成長は早く、植えて１ヶ月半後には料理に使えるだけの葉っぱが収穫できるようになりました。バジルは外来の野菜で、私が子供のころにはシソで代用していました。最近、バジルもシソ科の植物であるということを知りました。

最初は「バジルを植えたときのこと」という話題で始まって、途中から「バジルを昔はシソで代用していたこと」に話題が変わり、最後は「バジルもシソ科の植物であること」という話題へと変わっています。このように、途中で話題が変わる場合、文章と文章の間に接続詞を用いることで、文章の流れをスムーズにすることができるのです。

修正した文章

今年、庭にバジルを植えました。その成長は早く、植えて1ヶ月半後には料理に使えるだけの葉っぱが収穫できるようになりました。ところで、バジルは外来の野菜で、私が子供のころにはシソで代用していました。しかし、最近、バジルもシソ科の植物であるということを知りました。

どうですか？ 接続詞を入れただけですが「話題が変わる」ということが、よりクリアになったのではないでしょうか。このように、接続詞を使えば、文章の途中で話題が変わってもスムーズに流れを作ることができるのです。

わかりやすい文章、言い換えれば、「読んでもらうことができる」文章の条件として、「文章の流れがはっきりしている」ことが挙げられます。接続詞を使うことで、的確に文章の流れを作ることができるのです。接続詞の意味と具体的な使い方を知っていれば、誰でも用いることができるテクニックですので、いち早く自分のものにしましょう。「お、この人の文章って読みやすいな」と思ってもらえる確率がぐんとあがります。

接続詞

- **順接（そして、だから、そこで、それで、ついては、～ので、～ため）**

接続詞の前が原因、後が結果を示しているという関係において用いられる。

例：円安が進んだ。だから、輸出が増えた。

- **逆接（しかし、けれども、ところが、～が、～けれども）**

接続詞の前の内容が後の内容とは反対のことを示しているという関係において用いられる。

例：スマートフォンの普及は生活を便利にした。しかし、様々な弊害も生んだ。

- **並列（および、ならびに、また、と）**

前の内容に並べたり、付け加えたりする場合において用いられる。

例：Web ライティングには、情報を収集する能力、自分の意見をまとめる能力、および的確な文章を書く能力が必要とされる。

- **選択（または、もしくは、か、それとも）**

前の内容と後の内容を比べて選択させる場合に用いられる。

例：ランチコースのメインディッシュは、肉料理または魚料理から選んでください。

- **補足（なぜなら、つまり、なお）**

前の文章に説明を追加する場合に用いられる。

例：この製品開発には同意できない。なぜなら、多額のコストがかかる割に市場へ普及させることが難しそうだからである。

- **条件（ただし）**

前の文章に対して条件をつける場合に用いられる。

例：この国への渡航を許可する。ただし、ビザの有効期限を遵守すること。

・転換（ところで、さて）

前の文章から話題を変える場合に用いられる。

例：問題はわかった。ところで、やるべきことは何だろうか。

が、で続けない

前の文と後の文でまったく逆のことを言いたいときに使うのが逆接の接続詞です。逆接はうまく使えば役に立つ言葉なのですが、使い方を間違えると文章がなんとなくおかしくなってしまいます。初心者ライターの方は、できる限りこの「が」を使わないことをおすすめします。もし、文章と文章をつなげたい、と思うなら、これ以外の接続詞を使うことを心がけましょう。

例文 1

「試験には落ちたが、気持ちはすっきりした」

→これは「試験には落ちた」というネガティブな情報から「気持ちはすっきりした」というポジティブな情報へと意味が180 度転換しているので、使い方としては誤っていません。しかし、接続詞でつなぐほうがすっきりします。

「試験には落ちた。しかし、気持ちはすっきりした」

例文 2

「書きたいことは全部書けたが、気持ちはすっきりした」

→逆接ではなく、先ほどの順接に近い意味合いです。このような場合に「が」を使うのはおかしい、ということになります。

「書きたいことは全部書けた。だから、気持ちはすっきりした」

20 原稿作成時に知っておきたいテクニック

八湊真央

原稿を執筆するときに、原稿中に出てくる数字や記号は統一して体裁を整えたいところです。また、せっかく書いた原稿も検索で引っかからなければもったいない！ そこで、原稿中に使える英数字や記号の原則を覚えておきましょう。

英単語や数字は必ず半角、ひらがなや文字は全角

原稿を執筆する際、あとでクライアントの校正が入ることはさておき、提出する前に、原稿全体の体裁を整えておくことも大切です。例えば英単語表記があるとして、全角と半角の文字が混在して表記されていた場合、それは果たして読みやすいといえるでしょうか？

自分で読んでみて読みやすくない、もしくは優しくない原稿は、不特定多数の「誰か」が読んでも読みにくく、優しくない原稿です。原稿中の英単語や数字の表記は必ず統一するようにしましょう。

英単語や数字が全角表記になっていると、せっかく書いた原稿が検索エンジンで正しく認識されない場合や、正しくリンクを表示しない場合もあります。

また、文字が半角で表記されていると、使用するブラウザによっては文字化けしてしまい正しく表示されない場合もあるのです。

「英単語や数字は必ず半角、ひらがなや文字は全角」の鉄則は守るようにしましょう。

音声ブラウザを意識する

一部の音声ブラウザでは、全角英数字を用いた場合正確に読み上げられない場合があります。中には、音声ブラウザを頼りにインターネットを検索する人や文字を読む人もいます。そのような環境でも正確に内容を理解してもらうためにも、英数字は半角、文字は全角を用いましょう。

ついつい使いたくなる記号

原稿を書いていると、リストなどを利用して項目を表記する場合があります。その際、「①」「②」などの丸囲い数字は便利なので、ついつい使ってしまいたくなるところです。ですが、このような丸囲い数字というのはブラウザによっては正しく表示されないこともあります。いわゆる「機種依存文字」です。

インターネットは不特定多数の人が、不特定多数の環境からアクセスし閲覧しますので、機種依存で特定のブラウザや OS では正しく表示されない文字を用いないようにしましょう。リストなどで数字を用いる場合は、半角数字で「1」「2」と表記するか、「1：」「a」など半角の英数字と記号の組み合わせなどで表記をするとよいでしょう。

その他の機種依存文字には、文字のローマ数字「ⅠⅡⅢⅣⅤⅥⅦⅧⅨⅩ」や丸囲み文字「㊤㊥㊦㊧㊨」カタカナ表記の単位「㍉㍍㌔㌘㌧㌦㍑㌫㌢」などがあります。

21 書いた原稿は声に出して読んでみて、ひと晩寝かして読み直す

冨田弥生

「よし！　記事が書き終わった」の後にも、まだやることがあります。それは推敲です。Webライターが推敲をすることに、疑問を持っている方は多いでしょう。しかし、推敲は記事のクオリティを左右するのです。

原稿のクオリティがぐんと上がる推敲の方法

推敲とは、自分の書いた原稿を、客観的に読み直し、修正をする作業のことです。書いた原稿を「声に出して読む」「ひと晩寝かす」という２つの方法があります。

声に出して句読点の位置をチェックする

どこに読点「、」や句点「。」を打てばよいのかは、音読をすることでわかります。

読点「、」を打つ位置

読点の位置が違うと、意味が大きく違ってくる文章もあります。例えば、次の文がどんな状況か考えてみてください。

A：少年は吊り橋から、落下するジャンパーを見ている。
B：少年は、吊り橋から落下するジャンパーを見ている。

Aの文章は、少年も吊り橋にいて、バンジージャンプをしている人を見ている、という状況です。一方、Bの文章は、ジャンパーが吊り橋にいる、ということがわかりました。でも、少年が吊り橋にいるかは、はっきりとはわかりません。少年は吊り橋以外の場所から、ジャンパーを見ている可能性も考えられます。

このように、読点を打つ位置によって、文章の意味が大きく変わってきてしまうこともあります。自分の伝えたい文章の意味を考え、読点を打つ必要があります。

その際、読点「、」は、音読したときに息継ぎしやすい箇所に打つようにします。文章を音読すると、息継ぎのポイントがわかります。音読をしたときに息継ぎのしやすい箇所が、句読点を入れるポイントです。

読点を打つことは、読者に意味のまとまりを提示してあげることでもあります。そのため読者が、効率的に文章を読めることにもつながるのです。

句点「。」を打つポイント

1センテンス、5秒のルール

句点を打つポイントは、声に出して5秒以内で読み終わるくらいが目安です。読むのに5秒以上かかる文章だと、文章が長たらしく感じます。さらに、読み手が文章の意味を、正確にとらえることを妨げてしまうのです。

C：猫が屋根に寝ころんだ瞬間、“かぁ”、というカラスの大きな鳴き声が聞こえたが、猫はそのまま寝ころんで眠りについた。
D：猫が屋根に寝ころんだ瞬間、“かぁ”、というカラスの大きな鳴き声が聞こえた。しかし、猫はそのまま寝ころんで眠りについた。

Cの文章は、1センテンスで読むのに9秒かかります。一方、Dの文章は、2センテンスありますが、前半の文章は5秒、後半は3秒で読めます。1センテンスが長いと、読者が状況を描写するのに時間がかかってしまいます。

1つのセンテンスで伝えられるのは、1つの意味だけ

E：富子は、「よーいどん」の合図で走り始めたが、雷の音が聞こえてきたので走るのを辞めベンチに置いてあった自分の水筒を持って、校舎へ駆けた。
F：富子は、「よーいどん」の合図で走り始めた。しかし、雷の音が聞こえてきたので走るのを辞めた。そして、ベンチに置いてあった自分の水筒を持って校舎へ駆けた。

5秒以内で読める文章とは、内容が簡潔な文章と換言することができます。なるべく、「が」「ので」などの接続詞は使わないようにしましょう。なぜなら、1つの文章に複数の意味を詰め込んでしまうと、読者が情報を頭の中でスムーズに処理できなくなってしまうからです。「しかし」「そして」などの接続詞を使い、1センテンスにつき1つの意味を心がけましょう。

推敲の最後の仕上げ

文章はひと晩寝かすと灰汁抜きができます。頭をリフレッシュさせると、訂正点がわかるのです。

「カレーじゃないんだからひと晩寝かすだなんて」と思うかもしれません。それでも、だまされたと思って自分の書いた文章をひと晩寝かして、翌日に読んでみてください。前日ではまったく気づかなかった訂正箇所に気づくことができます。

例えば次のような点です。

・接続詞を付けるべき場所を見落としていた
・句読点の位置が変だった
・前日よりもっと良い言葉の言い回しを思いついた
・漢字の間違いに気づけた。

ひと晩寝かすと、自分の書いた文章を客観的に読むことが効率的にできます。しかも書いた直後に読み直すよりも、かなりいろいろな訂正点に気づくことができるのです。

「締切間近でひと晩も寝かす時間がない！」という方もいるかと思います。そんなときは書いた 2、3 時間後でもよいです。自分の頭がリフレッシュした、と思う状態がポイントです。そうなった状態で、もう一度書いた文章を読み直してみてください。時間をおいて見直し、書き直すと、文章のクオリティはぐんと上がるのです。

㈱ LIG
——おもしろい記事を書くことが、Web ライターとして生き残る術ではない

かみむらゆい

Life is good 〜わくわくをつくり、みんなを笑顔にする。そんなスローガンを企業理念とし、Web 制作を中心にシェアオフィス・コワーキングスペースやゲストハウスの運営まで、幅広く事業を展開する株式会社LIG。たびたびネットを騒がすおもしろ記事を生み出し続ける LIG ブログは、多くの Web ライターの憧れです。

▲ http://liginc.co.jp/

▲編集長 朽木誠一郎さん

サービス精神が良い記事を生み、Web メディアを育てる

LIG ブログはコンテンツマーケティングではなく、「誰かの役に立つことを発信しよう」という純粋な想いから生まれたと朽木さんは言います。

「LIG ブログは戦略じゃなく、感性で始まったんです。僕は立ち上げ当時、まだ LIG にはいませんでした。が、『Web 制作会社として、知っていることや学んだことを発信すれば、みんなが喜んでくれるんじゃないか。そしたらお仕事もくるんじゃないか』そんなシンプルな発想で LIG ブログは始まったと聞いています。おもしろ記事も、みんなを楽しませたいというサービス精神なんですよ」（編集長・朽木誠一郎さん）

LIG ブログで執筆しているのは LIG の社員が中心ですが、外部の Web ライターも 20 名ほど活躍しています。さらに、オウンドメディア構築やコンテンツ提供を事業とする「LIGMO」でも、多数の外部 Web ライターが活躍しています。

外部 Web ライターの採用にあたって、まず重視されるのは制作実績とのことです。

「制作実績を見れば、執筆する Web メディア自体の目的は何なのか？ この記事では読み手に何を伝えるべきなのか？ そういうことを考えて書いているかどうかって、すぐわかります。我を張りすぎていたり、自分語りが多い人は採用しません。クライアントによって執筆ジャンルが変わるので、特定のジャンルに強いというよりは、オールラウンドに執筆ができたり、インタビューができたりする人もいいですね」(朽木さん)

採用希望者のブログを読んで採用を判断することもあるそうです。

「ブログだって自己 PR の場。ネガティブな話題や下ネタが多いのは論外です。わかりやすい文章か？ よりテクニカルにコンバージョンしているか？ 読んでいてグッとくるか？ その 3 つを見ますね」(朽木さん)

企画力より、おもしろさより、文章力を磨け

おもしろ記事が話題になることも多い LIG ブログ。しかし、Web ライターとして生きていくなら、企画力やおもしろさよりも文章力を磨くべきだというのが、朽木さんからのアドバイスです。

「僕がライターだったころ、大手企業のランディングページのライティングをまるごと請け負ったりしていました。そのほうがぶっちゃけ、まとまったお金が入るので、よっぽど割がよいんですね。真面目なサイトでは服を脱ぐなんてことは求められない。前提として文章力がないと話にならないと思います」(朽木さん)

Web ライターを仕事にするなら継続的に依頼をもらわなければなりません。

「仕事としてライティングしていくなら、自分が書きたいことを書くという意識は捨てたほうがよいですね。ブロガーの延長でWebライターになれるわけじゃない。書きたいことを優先して、Webメディアや読者のことを二の次にしてしまう人には依頼できませんよね」（朽木さん）

コンテンツマーケティングのバブルは終焉に向かう

Webメディアをはじめる企業はどんどん増えています。しかし、コンテンツマーケティングは一朝一夕に結果が出るものではありません。短期的に結果を期待しているWebメディアは存続が難しいと言います。

「たくさんあるツールや手法のうちのひとつとして、Webメディアが適しているという理由で選択するのならよいんです。でも、"とりあえずやろう"で始まっているものも多い。ブランディングとしてWebメディアを運用するなら本来、半年や1年で結果がでるものじゃないはずですよね。試しにやってみようというレベルの予算しかないなら続けられないし、何にもならないまま終わってしまいます。そういう意味でWebメディアが発展していってほしいとは思いつつも、このようなバブルは終焉に向かっていく気がします。

その中でも、ECと結びつけて良い循環を生み出したり、プラットフォームを持ちながらコンテンツ制作もするとか、進化しているWebメディアは生き残っていくのではないでしょうか」（朽木さん）

わくわくを生み出すためにまずは、自分がわくわくする。社員も、クライアントも、読者も、自分が率先して楽しませたいというサービス精神がある。なおかつ文章力に自信のあるWebライターなら、LIGで活躍するチャンスを掴むことができるかもしれません。

■募集要項

http://liginc.co.jp/recruit/

第5章

Webライティングのケーススタディ

本章では、具体的なケース別にどのような点に注意すべきかなどを説明します。

22 女子力——読者が求める女子力について考えてみる

染谷靖子

今、流行の「女子力」。誰でもわりと簡単に書きたいことが見つかるはず。でも、重要なのは、その原稿がどんなWebサイトに掲載されるのか？ そして、どんな読者に向けた記事でなければならないのか？ ということです。

どんなWebサイトに書く女子力なのか

資料やデータを使わず、考えだけで書ける「女子力」。一見調べる手間がなくて楽に思えるかもしれません。でも待ってください。どんな女子力について書くかを決める前に、書いた原稿が掲載される Web サイトの特徴をチェックしておきましょう。

その Web サイトが合コンでモテたい女子力を扱っているのか、それとも穏便なママ友の関係を維持したい女子力なのかでは、書く内容も変わってくるはずです。まず、Web サイトの読者は誰なのか？ どんな場面での女子力を発揮することを求めているのか？ をイメージすることが大切です。

このことはどのジャンルの記事を書くときでも同じですが、掲載される Web サイトに合わせて記事を書く必要があるということです。つまり、仕事である以上、自分の好き勝手に記事を書いてはいけないということなのです。

大学生～20代前半向けWebサイトなら

大学生～20代前半をターゲットにしたWebサイトなら、誰に対して女子力を発揮したいのかが大きなポイントとなります。

好きな人にアプローチしたいのか？ 合コンでモテたいのか？ 付き合っている彼にアピールしたいのか？ それとも女友達の中で差を付けたいのか？ 依頼されているWebサイトに掲載されている他の記事を読んでみると、傾向を把握できるはずです。

子育て中のママ向けWebサイトなら

配偶者がすでにいるママたちの場合、男性に対するアピールではなく、会社やサークルなどという所属コミュニティでの女子力が合っているでしょう。ならばどんなメンバーや場面で女子力を発揮したいのか？ をイメージする必要があります。子どもの入学式や誕生会での手料理、旦那さんの実家へ帰省する際のお土産、ワーキングマザーの職場での気遣いなど……。さまざまなイベントで考えられるシチュエーションで求められることをイメージするのがよいかもしれません。

どんな女子力ネタを書くか考える方法

「女子力といったらこれ！」と自信を持って書ける人や、「自分には女子力がある」と思う人は、「女子力高いね」といわれた時のことを思い出してみましょう。

ただ、このタイプの人は「自分にとっての女子力」と、「仕事で依頼された女子力」がマッチしているかを確認する必要があります。

自分のブログであれば自分にとっての女子力で問題ありません。しかし、仕事の依頼で書く場合は、読者に役立つ情報としての女子力である必要があります。読者に合わせ、かつ客観的な内容になっているか？ 単に「自分が考える（だけの）女子力」になっていないかをチェックしましょう。書いたことが本当に女子力として有意義な情報なのかどうか、周りの人に聞いてみるなどすることも大切です。ひとりよがりではなく、客観的な視点が入っているほど、説得力が増します。

逆に「女子力がないから書けないかも……」などと不安になる人もいるかもしれません。しかし、女子力に対して自信がないからといって、女子力がテーマの記事は書けない、とは限りません。むしろ「女子力がない……」と思っている人のほうが客観的に女子力を考えられる強みがあります。女子力がなくても女子力の記事が書けるというのが、Web ライティングの面白さなのです。

「自分には女子力がない（または関心がない）」と思う人は、「女子力高いね」と言われている人、言っている人のことを思い出してみましょう。「女子力高いね」という言葉はどんな場面で使われていますか？ どんなシチュエーションで、どんなメンバーだったかも同時に思い出してみましょう。その際、次の３点で整理することがポイントです。

・ それはどんなコミュニティの中での価値観ですか？
・ 女子力かどうかを判断するのは誰ですか？
・ どんな行動が対象になりそうですか？

これらを整理したら、実際にどんな女子力が考えられるかをイメージしてみましょう。例えば、大学生～ 20 代前半向けの Web サイトで合コンの場面では次のようになります。

・それはどんなコミュニティの中での価値観ですか？
　→男女の飲み会、恋愛の発展可能性
・女子力かどうかを判断しているのは誰ですか？
　→合コン参加にしている男性陣
・どんな行動が対象になりそうですか？
　→気遣いができる、話を聞くのが上手い、ファッションセンスがよい

このように整理したら、3 点の行動を具体的に膨らませながら文章にしていきましょう。

お皿にとりわける行動をポイントに挙げるなら、なぜそれが評価の高い行動なのかの理由を説明します。例えば、「率先して役割をこなす」「新しいお皿が必要なら定員さんに声をかける」といった気配りが評価のポイントなのかもしれません。そのうえで、「気配り＝例：お皿を取り分ける行動」、「聞き上手＝例：笑顔で相槌を打ちながら話を聞く」といった「一般化した言葉＋具体例」の組み合わせで説明するのも 1 つの方法です。「気配りがポイントなんだ」と伝われば、読み手の人が自分でアレンジすることもできるでしょう。

記事には、シチュエーションやポイントのフレーズで、かつ検索されそうなキーワードを盛り込むことも忘れてはいけません。

23 旅行——自分が旅行した得た体験や経験、そして感動を伝える

松沢未和

旅好きが書きやすいのが「旅行記事」です。しかし、旅行記事を書くときに大切なのはガイドブックにはない、自分の体験や感動を伝える、ということなのです。

ガイドブックの代わりは求められていない

旅行記事を書くときに注意してほしいのは、「Webの情報はガイドブックの代わりにはならない」ということです。

読者は「参考になる体験」を求めている

観光スポットなどの情報を求める人はガイドブックを読みます。では、Webサイトで情報を求める人は何を求めているのでしょうか？ それは、「実際に旅行した人の体験＝生の声」です。ガイドブックがフォローしきれない情報です。

具体的な例を考えてみましょう。「あるレストランに行ったけど、午後12時に行ったら1時間待ちだった。メニューを見たけど迷ったので、シェフのおすすめを頼んだら、これがとても美味しかった」という情報があったとします。こういう情報はあまりガイドブックには載らないけれど、案外、「実際に行った人の声」として重宝される情報です。「なるほど、この店には何時に行って、あれを注文すればいいのね」という気づきを読者に与えることができます。

Webの旅行記事に一番求められているのは、この「気づき」なのです。

自分の思い出から文章を導き出す

もうひとつ、旅行記事を書くにあたりもっとも大事にしてほしいのは、「あなたの経験」です。

旅行というジャンルで記事を書きたいと思う人は、「旅行にたくさん行っている」「旅行が趣味だ」という人が多いはずです。たくさん旅を経験していれば、「楽しかったこと」「嬉しかったこと」「困ったこと」の情報はストックされているでしょう。ぜひ、そのストックを活用してください。

楽しかったこと、嬉しかったことについて書くのは旅行記事の定番の切り口です。「やっぱりここって素敵なんだな」「行ってみたいな」と読者に思わせるのに十分な原稿は書けるでしょう。

さらに、困ったことにフォーカスすると、読者の役に立つ記事になります。なぜなら、困ったことは人によって異なるからです。「海外に行くときに、あれを用意していかなかったから困った！」とか、「場所がわかりづらく、道に迷って困った！」という事柄のひとつやふたつ、旅行をしていれば必ず出てきます。そういう経験は良い記事を書くチャンスです。あなたが困ったことは、他の誰かも困る可能性が高いからです。

Webライターの使命の1つは「読者の方の役に立つ、気づきを与えることができる記事を書くこと」です。「困ったことも記事を書くネタ」として捉えるとよいでしょう。

基本は行ったことがある場所の「感動」について書く

旅行記事を書くとき、どんなにインターネットや雑誌、書籍を駆使して調べ上げた情報よりも、あなたが実際に行って見てきた体験のほうが、リアリティを伴った情報となります。

どんなに想像力が豊かでも、実際に行ったことがないところについて原稿を書くというのは、かなり難しいです。文章力がある人なら書けてしまうのでしょうが、「面白さ」「臨場感」という点では、実際に行ったことがある人が書いた文章には敵いません。

旅行記事で一番、重要なことは「感動」なのです。自分が感動した場所でなければ、その想いは伝わりません。このことはどのジャンルの記事を書くときでも同じですが、感動を書かなければ読みたいと思える記事にはならないのです。

行ったことがない場所は自分が行きたいかどうか

とはいえ、仕事をしていれば、自分が行ったことがない場所についても書いてください、という依頼が来る可能性もあります。そうなった場合、どうすればよいのでしょうか？

大事にしてほしいのは、あなたの気持ちです。「ここだったら行ってみたいな」と思うかどうか？ ということです。不思議なもので文章には書き手の気持ちが表れます。「正直、ここはあまり興味わかないな」という場所について原稿を書いても、それが面白い記事になるということは少ないです。そして、何より書いているあなたが苦痛を感じてしまうでしょう。

もちろん、「ここは興味がわかない」と最初は思っていても、調べていくうちに「こんな魅力があるのか！」と気づかされて、結果として「行ってみたいなあ」という気持ちにさせられることはあります。そうなればしめたもの。きっと良い記事が書けるはずです。

旅行の予約の手順も大事なコンテンツ

旅行というジャンルの記事だと、どうしても「旅行先の話」を思い浮かべてしまう人が多いかもしれません。しかし、旅行は何も目的地に行ってからが旅行の始まり、というわけではありません。準備段階から旅行は始まっています。

旅行が好きな人だったら、準備段階から何らかの工夫をしていると思います。例えば、旅行の手配。「リーズナブルにまとめたいなら自分でインターネットを駆使して手配する」「お年寄りや子供と一緒の旅行なら、旅行代理店にアレンジを頼む」など、それぞれに工夫しているポイントがあると思います。また、海外旅行が好きな人なら、「航空会社のマイレージのため方」などもこだわりがあるポイントの１つであるはずです。

そういった、「自分なりにこだわっているポイント」を紹介するのも記事の切り口としておすすめです。「自分はそんなこだわりポイントはない」と思っている人でも、案外、「気をつけていること」をまとめてみると、そういったポイントが見えてくるものです。一度書き出してみるとよいでしょう。

24 グルメ――ありきたりなグルメ記事から脱却する3つの方法

冨田弥生

あなたはグルメ記事を書くとき、メニューと写真だけを並べた記事を書いていませんか？ 世間では「グルメ記事は、一番書きやすい」と思われています。そのイメージをぶち壊しましょう。だってグルメ記事は、書くのが大変なのですから。

おいしいさの理由を書く

グルメ記事で、ついついやってしまうのが、メニューと写真を並べただけのお店紹介記事を書いてしまうことです。「グルメ記事ってカンタン、だってお店に入って料理を注文して、その間にメニューをメモして、来た料理を写真に撮ったら取材は終了。後は料理を楽しむだけだもん」そう思っている人は多いようです。でも、そんなグルメ記事、あなたが読者なら読みたいと思いますか？

「おいしい」という言葉は伝わらない

「おいしい」という言葉は、お店に行ったことのない人でもいえる言葉です。せっかくお店まで行って食べたのであれば、料理を実際に食べたあなたにしかいえない感動を言葉にして使いましょう。

例えば、あなたがあるお店で担々麺を食べたとします。お店は「店主こだわりの担担麺」の評判がとても高いです。その場合、次の2つの文章だと、どちらがより良く伝わってくると思いますか？

例 1

スープ、麺、ひき肉や他の具材も、すべて美味しく、まさに食材ひとつがしっかり考えられた、店主こだわりの担担麺です。こんな味なら、誰もが満足するはずです。

例 2

スープは胡麻により、ふわっと口の中に広がる奥深い味わいになっています。スープと細麺の相性も抜群で、ひと口食べ始めたら止まりません！ スープのコクを引き立たせるために、薄く味付けされたひき肉と、刻みネギが、最高の脇役。具材ひとつひとつが食べやすく、考えつくされた分量、味付け、使われ方なんです。繊細な担担麺への店主のこだわりが伝わってきました。ここまで丁寧に作られた味なら、人気なのも納得です。

例 1 は食材がすべて美味しいとざっくりとした表現になってしまっていて、「何が理由で美味しいのか？」まで言及されていません。例 2 は、「何がおいしい理由か？」、さらに「その味を引き立たせているのは何か？」まで自分の感想を付加した文章になっています。

グルメ記事はドラマだ

データ情報だけを求められるグルメ記事であれば、ここまで想いは書けないかもしれません。しかし、Web ライターの個性が尊重される Web サイトであれば、ぜひここまで書いてください。書くのはずばり、「あなたが体験したグルメドラマ」です。

記事A

今回は都内にある、ドライエイジングビーフと呼ばれる熟成肉を提供しているお店をご紹介します！

主なメニュー／熟成和牛カルビ／熟成和牛ロース／おろしポン酢ロース

熟成肉は今、食肉業界で注目の食材です。ミディアムレアでさっと炙るのがドライエイジングビーフの食べ方です。今までの焼き肉とはひと味違った食べ方ができるのが面白いですね。

記事B

食肉業界で話題の新感覚焼肉！ ドライエイジングビーフ

食肉業界で今、話題沸騰中のドライエイジングビーフのお店をご紹介します。「普通の焼き肉は食べ飽きた！」そんな思いで私は焼き肉の新しい味をインターネットで探していたところ、ドライエイジングビーフの記事を見つけました。見つけたその日すぐに食べに行ってしまいました。

・初の一人焼肉！

私が訪れたのは都内某所のドライエイジングビーフのお店です。突然思い立ったのでなんと、気づけば私はひとりで焼肉屋へ来ていたのです。人生初のひとり焼肉。ドキドキです。

テーブルに座るとワサビを調味料として提供されました。「これどうやって使うの？」とドライエイジングビーフをはじめて食べる私は店員さんに尋ねました。

・ドライエイジングビーフの食べ方

店員さんはひとり客の私にも親切にドライエイジングビーフの食べ方を教えてくれました。ドライエイジングビーフはミディアムレアでさっと炙って食べると一番おいしさがわかるのだそうです。ミディアムレアのお肉は口の中で甘さが広がりとろける感覚！ これは絶対ライスに合う！ と思い、思わずライスも追加でオーダーしてしまいました。

皆さんも一度ドライエイジングビーフ、試してみてはいかがでしょうか？

記事Aは、お店のメニュー、食べた料理の写真だけ。これだとそのお店へ行ってなくても書けてしまう内容です。記事Bは、お店を訪れた動機、そしてお店へ行ってからのドラマを描き、読む人へ記事の印象も付けやすく共感も得られやすくなっています。

グルメ記事は写真も命！

グルメ記事で大切なのは写真です。このことはどのジャンルの記事でも同じですが、写真があるほうが魅力的な記事なります。インターネットには多くの撮影ノウハウがありますが、あまりそうした情報に左右されず、まずはいろんな角度から撮ってみましょう。撮った写真を見て自分で「美味しそう」と思えたら、それが良い写真です。

25 生活——日常生活を書くときはペルソナを活用する

夕凪あかり

生活記事では、毎日の生活の中で発見したちょっとした気づき、生活の知恵、疑問、失敗などの話題を提供します。生活に関する話題で共感を得る原稿を執筆するためには、特に、どの世代の人々の生活に役立つ情報なのか？ を明確にすることが大切です。

「誰に対しての原稿か」を特に意識する

生活をテーマに記事を書く場合、「どの世代の人々の生活に役立つ情報なのか？」ということが重要となります。このことはどのジャンルの記事を書くときでも同じですが、こと生活記事では、「誰に」×「何を」のかけ算がより重要になってきます。

つまり、ターゲット層を絞り込まなければ、誰にも共感が得られない記事になる可能性が非常に高いということなのです。

ターゲット別の記事は「誰に」×「何を」のかけ算で

世代を意識する際には、ライフスタイルの異なる人物像を何パターンか想定してみましょう。例えば、上京したばかりの女子大生、ベテラン主婦、独身男性……。ターゲットはそれぞれ考え方も価値観もまったく異なります。

それでは生活記事の例として、どの世代にも共通するであろう「掃除」をテーマとして、書き方を考えてみましょう。

まず、それぞれのターゲットに向けた記事を執筆する場合、どのようなことに注意をすればよいでしょうか？

それは記事を執筆するあなたが掃除の達人になったつもりでリサーチし、それぞれの立場の人にアドバイスをするつもりで執筆することです

それが「誰に」×「何を」のかけ算で執筆するコツになります。

上京したばかりの女子大生の場合

大学進学で上京した女子大生のひとり暮らしの生活を考えてみましょう。

その女子大生は、実家にいるときには、たまにお手伝いはしていたものの、家事一切はお母さんにほぼ任せきりだったとしましょう。だから今の生活も炊事、洗濯、掃除はすべて自己流。お母さんがやっていたのを思い出しながらやっています。

もちろん女性ですから、ある程度の掃除には心得があるでしょう。また、新生活を始めたばかりだから、新型の掃除機くらいは持っているかもしれません。もしかしたら、お掃除ロボット「ルンバ」のおかげで床掃除はバッチリかもしれません。

しかし、これまであまりキッチンに立つことがなかったことを考えると、シンクまわりや冷蔵庫の掃除では迷うことが多そうです。

こうしたターゲット層には、掃除のテクニックを提供するのもよいですが、昔ながらのやり方やお母さん世代のやり方を交えて紹介するとよいでしょう。

ベテラン主婦の場合

ベテラン主婦にとって掃除は毎日の生活に密着した仕事です。

そんな主婦の関心事とはいったい何でしょうか？ ありきたりの掃除方法では関心を持つとは思えません。忙しい主婦には、掃除時間の短縮法、手間のかかる場所の掃除法、ふだん気づかないようなところの掃除法などに興味惹かれるはずです。

ざっと挙げてみると、風呂場のカビ取り、鍋の焦げ付き、高いところや狭くて手が届かないところ、結露や窓の桟の掃除、などが思い付きます。さらに、これらの掃除を「楽に」「手早く」「簡単に」できる技があれば、読んでもらえる可能性が高くなります。わかりやすくて実践的な方法を提供するのがよいでしょう。

独身男性の場合

独身の男性会社員の場合、毎日が忙しく、掃除をする時間など取れないはずです。几帳面な人はそれほどいないと考えて、掃除は気がついたときにする程度としてみましょう。

洗濯はしても、食事を自分で作る人は少ないかもしれません。毎日外食は難しいでしょうから、お弁当が多いかもしれませんね。

そういった生活なら、台所よりも風呂場、洗濯機、トイレの掃除には関心を持ってくれるかもしれません。それらの基本的な掃除方法を紹介しつつ、知っておくと得するような「うんちく」を交えて紹介するようにしましょう。

ペルソナを作りターゲットを絞り込む

ターゲット層の具体的な姿を想定する作業は「ペルソナの作成」といい、企業が商品企画や営業戦略を立てるときにも利用される重要な作業です。

ペルソナとは人格を意味します。読者のペルソナ＝人格を細かく設定すればするほどターゲットを絞り込むのに役立ちます。ペルソナをある程度まで細分化することで、誰に向けての記事なのかが明確になり、対象となるターゲットの手応えがより期待できるようになります。

生活に関する話題では、ターゲット層のライフスタイルを意識し、それぞれの層が満足感を得られるようなお役立ち情報を提供するようにすれば、切り口のまったく異なる原稿を容易に作成することができるようになるのです。

ペルソナを作成することは、どんなジャンルの記事を書くときにも役立ちます。

誰にでも共通する話題はリスト記事で

「シンクまわり」「冷蔵庫」「風呂場のカビ取り」「鍋の焦げ付き」「高いところや狭くて手が届かないところ」「結露や窓の桟」「洗濯機」「トイレ」など、項目を立てて記事を書くことを「リスト化する」といい、このような記事を「リスト記事」といいます。リスト記事は網羅性があればあるほど効果的で、ブックマークも期待ができます。

26 恋愛——賛否両論あってよし！自由に語ってみる

みちだあこ

恋愛記事は自分の体験談だけでも記事は成り立つことができるので、初心者向けのテーマともいえます。なにしろ「恋愛」はいつの時代でも需要があるものなのです。

まずは恋愛から語ってみませんか？

男も女も「恋話」（コイバナ）は語りたいもの。そして、他人のコイバナは知りたいもの。誰でも書くことができるテーマ。それが、恋愛です。しかし、せっかくですからWebライターらしく、ブログとは違う恋愛記事を書いてみましょう。

掲載するWebサイトによって文体や内容を変える

ひと口に恋愛と言っても、ターゲットとなるユーザーはさまざまです。学生から、もっとアダルトな大人の層まで。ですから、掲載するWebサイトによっては文体も内容も変えなければいけません。

学生向けならば、ちょっと軽いノリの文体で友達に話しかけるみたいに体験談を綴ってもよいでしょう。恋愛の達人からのアドバイス！ というスタンスでも面白くなりそうです。

もう少し大人向けのサイトならば、学生向けよりも大胆にアダルトで、セクシーな内容が求められることもあります。その場合、あまり堅い文体よりも、親近感があるほうが読まれやすいようです。

どこからネタを拾ってくるか

恋愛記事を書くには、自分の体験談が一番わかりやすいネタになります。しかし、ほとんどの人の場合、恋愛経験は数回程度ですよね。数回の恋愛体験からいくつもの記事を書くのではネタも枯渇してしまいます。でも、恋愛だってネタは拾ってきてもよいんです。

知り合いからアルコールの力を借りて聞き出す

恋愛記事を書く、てっとり早い方法は、知人からコイバナを聞き出すことでしょう。しかし、おしゃべりな知人でもノロケ話や愚痴ばかりでなかなか面白い話が聞き出せないこともあります。

そんなときは、腹を割って話せる状況にしましょう。そういうわけで、まずは知人の前にビールを置いてあげます。ほろ酔い気分になり、普段では躊躇う内容もポロリするかもしれません。

ただし、記事にする際は、必ず了承を得ましょう。勝手にネタにすると、知人との友情に亀裂が入る可能性もあります。

ネットに転がっている恋愛話をまとめ形式にする

ネットにもたくさんコイバナはあります。他人のコイバナは自分の体験とは違ってとても刺激的です。「こんなとき、自分ならどうする？」とか「このことは参考になる！」ということはあるはずです。

他人のコイバナを使うときは、ひとつのエッセンスにして、必ず、自分自身の意見がメインになるようにしましょう。

恋愛の達人や専門家に取材してみる

恋愛には専門家がいます。そんな専門家に取材をしてみてもよいですね。

・心理カウンセラー
　恋愛を心のメカニズムから解説してくれる頼もしい存在
・弁護士
　狙うは離婚弁護士、法的な解決を教えてくれる存在
・占い師
　何人ものコイバナを聞いてきた、ネタの豊富な存在
・結婚アドバイザー
　まさに恋愛の専門職。愛の行く末をずっと見守ってきた存在
・夜のお仕事
　恋の駆け引きはお手の物。恋愛の実践テクを享受してくれる存在

いろんなメディアの恋愛を分析してみる

身近にも恋愛記事のネタになるものが転がっていることがあります。恋愛映画や小説、漫画、さらに芸能人のスキャンダル。ただし、「こんなことがありました」「こんな本でした」という紹介だけの恋愛記事はやめましょう。

それらの恋する二人について、あなたはどう思ったのか？ その恋する二人を見た世間はどう反応したのか？ といった自分が分析した内容を入れると、もっと面白くなります。

恋愛なんて興味ないし、いままで人に恋なんてしたことない

「いやいや、恋愛したことないし、興味ないから書けないよ」

中にはそんな人もいるでしょう。

それでも、「恋愛」について書くことはできます。「なぜ、私は恋愛に興味がないのか」それをネタにすればよいのです。

恋愛に正解はないので過激な発言もできる

カップルの数だけ恋愛は存在します。誰かにとっては異常なことでも、誰かにとっては正常であることも、恋愛の世界では起こりえることです。ですから､恋愛には「これ」という正解はありません。ときには賛否両論の巻き起こる記事になるかもしれません。でも、それでよいのです。

エッセイと記事とは違うもの

恋愛記事で気を付けたいのは、自分の体験談をつらつらと書き綴ることです。変わった恋愛や修羅場の恋愛なら、それは面白いかもしれませんが、ただのノロケ話では意味がありません。恋愛記事も読者に役立つ情報でなければなりません。このことはどのジャンルの記事を書くときでも同じですが、エッセイと記事とは違うということは意識してください。

27 ファッション——トレンドに敏感になる。まとめとピックアップ

らくしゅみっくす

人気が高いコンテンツの1つが「ファッション」。ファッション記事には種類や書き方、ちょっとした小技があります。覚えておくとさまざまなメディアでの執筆で役立ちます。

人気が高いコンテンツ「ファッション」

人気が高いコンテンツには、旅行やグルメ、日常で使える節約方法や恋愛などがあります。「ファッション」もそのひとつです。

日本のファッションは四季に合わせていろいろなコーディネートが存在しますし、服の種類もたくさんあります。さらに、年代別で着るテイストやアイテムが異なるため、各種いろいろな情報が求められます。だから「ファッション」は途切れることがなく人気が高いコンテンツなのです。

さらに、ファッションアイテムには、「今年の流行色やアイテム」などトレンドが必ず含まれています。それだけでなく「コーディネートや去年のアイテムとの組み合わせ方」や「オシャレな人だからこそ知っているファッション豆知識」など、読み手が知りたいと思う情報はたくさんあります。それに、Web メディアの記事はスマホや PC から「いつでもどこでも確認出来る」ので非常に人気です。

こういった理由から「ファッション」コンテンツは非常に人気が高く、Web ライターを募集しているところも多いのです。つまり「ファッション」のライティングが得意になると、さまざまな Web

メディアでの執筆が可能となるのです。

コンテンツで見られる記事の種類

記事の種類には「まとめ」記事や「ピックアップ」記事などがあります。

「まとめ」記事はファッションや美容などトレンドやジャンルが幅広いコンテンツによく見られます。いくつかのアイテムやパターンを、要点を絞った形で5個から10個ほどまとめて紹介していくものです。

例えば、今期のトレンドカラーや流行っているスタイルなどをいくつかまとめていく、という感じですね。

「ピックアップ」記事とは、何かひとつにテーマを絞り、その使い方や種類などを詳しく解説していくものです。

例えば、デニムシャツやGジャンに合わせたコーディネートや「今年トレンドのサンダルに合うスタイルを紹介する」など。まとめと違って、詳細に掘り下げて解説したり提案したりといった書き方になるので、しっかりとしたリサーチや知識、体験などが求められます。

「まとめ」記事の書き方

まずはテーマをひとつ決めます。「シューズ」まとめや「春先に使えるカラー」まとめ、「気温別のコーディネート」まとめなど、何個かの物事を取り上げられる「テーマ」をひとつ見つけてください。イメージ的には、あるジャンルからいくつか、浅いけれども要点を抑えた情報を並べてまとめる感じです。

次にそのテーマに沿って「リサーチ」（執筆に必要な情報を調べて集めること）します。自分のファッションから、また雑誌やWebなどさまざまなところから、テーマに沿った情報を調べます。

その次は「構成」です。ファッションの場合、まとめ記事という性質上、多くを掘り下げると長くなりすぎてしまいます。ひとつにつきどのくらいの文量にするか、ある程度決めておきましょう。

構成ができたら、リサーチに基づいて、色や形など確実に必要な情報を入れつつ、要点がまとまるように書いていきます。

「ピックアップ」記事の書き方

まず、まとめ記事と同じく、テーマを1つ決めます。

例えば、「ワンピースの着回し方」など。イメージ的には、あるジャンルの中からひとつを掘り下げて詳しく、細かく取り上げる感じです。

次にまとめ記事と同じくそのテーマに沿って「リサーチ」します。ピックアップ記事では掘り下げることが多いので、深い情報やあまり知られていない情報などに注目して調べておくとよいでしょう。街中で見た、もしくは自分が普段やっている、など実践的な話を盛り込んでみるのもよいですよ。

それが終わったら「構成」を行います。ピックアップ記事の構成で気を付けたいのは、ひとつを掘り下げるため、「扱うアイテムの何をどのように読み手に伝えたいか？」を考える点。「ワンピースの着回し方」を取り扱うとしたら「取り上げるワンピースの色や形などの説明」、これは必須ですね。そして「着回し」なので、「ワンピースとして着る場合のコーディネートやポイント」、「ワンピースをスカートとして着るときの合わせ方」が必要になるでしょう。

構成が決まったら、リサーチした情報を元に書いていきましょう。

ちょっとした小技

人は興味があるものや普段から少しでも知っていることは覚えやすくなります。つまり、普段からあなた自身がファッションに触れていると、より書きやすくなります。テーマも浮かびやすくなりますし、書くときにも「読み手ならこんな情報がほしいのかな？」など考えることができます。

また、自分の年代や趣味と違うファッション雑誌やメディアなども普段から目を通しておくのがよいでしょう。クライアントによっては、「同じアイテムを年代別で着回す記事を書いてほしい」「○○というジャンルをまとめてほしい」といった、より細かな指定を持った依頼もあります。

「自分の書きやすい種類でないけれど対応できる」となれば、依頼も報酬も増えるかもしれません。そうすれば、あなたのWebライタースキルも上がるでしょう！ これはファッション記事だけでなく、どのジャンルの記事を書くときでも同じです。少しずつトライしてみてくださいね。

28 ビジネス——経験や培ってきた知識やデータを駆使する

八湊真央

さまざまなテーマの中から「ビジネス」を取り上げて原稿を書く場合、どうすればよいでしょうか? ビジネス記事には陥りがちな注意点があります。それを意識するかしないかで、原稿全体の読みやすさが大幅に変わります。

信憑性のある原稿を書くために

ビジネス記事を書く場合、おそらく大半はビジネスに対して以前から興味がある、もしくは経験があるから、ビジネスというテーマを選ぶのではないでしょうか。ビジネスは分野ごとに専門用語もあるし、特殊な業界については、そこで働いたことのある人でないと中々理解できない、もしくは知りえない情報もあります。

もちろん、仕事で原稿を書くことを請け負う以上は、経験者でなくても原稿を書かなければいけないこともあります。その場合は、テーマの内容に対して徹底的な事前調査が必要になります。

ただし、その事前調査は、インターネットで業界用語を簡単に検索して適当に書く、というレベルではいけません。

また、経験があるからといって、調査をおろそかにするのもよくありません。あなたが経験した時よりも、状況は変わっているかもしれません。法律も改正されるものもあります。その経験があるからこそ、調査はより念入りに行うこともできるし、また正しい情報を引き出すこともできるはずです。

いずれにせよ、「記事の内容の信憑性」というのは原稿を書くうえで非常に重要です。経験があろうがなかろうが、必ず事前調査は念入りに行うようにしましょう。

専門用語の多用に注意する

ビジネスをテーマに選んだときに陥りがちなのが、「その業界の専門用語を多用する」ケースです。

もちろん、その用語を使わなければ原稿を書くのが難しいのはわかります。ですが、原稿ができ上がったときに、一度その原稿を「客観的に」読み直してみてください。あなたの書いた原稿、果たして内容を理解することができますか？

記事を読むターゲットが「その業界の専門家」である場合は、専門用語を使って原稿を書いてもある程度問題ないかもしれません。ですが、多くの場合はそうではなく、「少し詳しい一般人」もしくは「ちょっと興味があるけれど、それほど詳しくない一般人」が読む場合が多いのです。興味がない人も、もしかしたら目にしてくれるかもしれません。ですが、そんな人達が「まったく意味が理解できない難しい内容の記事」を、全部読んでくれるでしょうか？

難しい言葉を、難しいまま書くことは簡単です。ですが、難しい言葉を、それがわからない人に対してわかるように書くことは、決して簡単ではありません。

つまり、調べた内容をただ単に原稿に書いて行くだけではだめだということなのです。元の内容が難しければ難しいほど、専門性が高ければ高いほど、それが重要になってきます。

このことはどのジャンルの記事を書くときでも同じですが、物事を調べ、それを書く場合は、まずその内容を自分なりに理解し、わかりやすくかみ砕いてからアウトプットするようにしましょう。

必要に応じて取材も行う

実際にその現場で働いている人たちに話を聞いた方が、よりリアルで信憑性のある原稿を書ける場合もあります。そういった場合は、取材を行い、原稿にその内容を取り入れていくようにしましょう。

調べただけの原稿よりも、「実際にその現場で働いている人間が語った」インタビュー等が取り入れられた原稿の方が、読み手にとって、より信憑性の高いものと取られるのは間違いありません。

最新データをどんどん利用する

ビジネス記事を書く際、統計データや自分が長年培ってきたデータを利用する場合があります。データはどんなジャンルの記事を書くときにも役立ちます。

自分が持っているデータを利用することは悪いことではありません。ただしそれが「最新のデータ」である必要があります。古いデータをもとに書かれた原稿は、現状からずれているだけではなく、信憑性が問題となります。

例えばWeb上からデータを収集するにしても、調査年度が古いデータを利用していては意味がありません。最新版を利用するよう心がけましょう。時間は動いており、状況も変化しています。最新の情報を収集するアンテナを張り巡らせるクセをつけましょう。

具体的な執筆例

例えば「起業」のノウハウをテーマにした記事を書くことになったとします。まずはその記事を読むターゲットに合わせてどのような起業記事を書いていくか、構成を考え、その後、内容を書いていきます。ここまでの流れは、どのテーマを選んでも大体同じです。

実際に記事を書き進めたとき、まず注意が必要なのが、「起業」という言葉の意味をただ長々と書いても、読み手は飽きてしまうということです。それこそ、言葉の意味など誰が調べてもわかるし、そんなことはわかっているのです。

そうではなく、読み手が「起業」のノウハウについてどんなことを知りたいのかを考えることが大切です。例えばこのようなビジネスに人気があるとか、人気業界での「起業」のメリットとデメリットは何かだとか。そんな読者に有意義な情報を書き、その後、具体的に「起業」の方法や必要な手続き等を書いていく……。その周りで起こっていること、皆が興味を持っていること、その他、関連事項も合わせて記事を構成したほうが、読み応えがある記事ができます。さらに調査データなどを記事に織り交ぜると、信憑性も上がります。また、実際に起業した方に取材をして、経験談も記事に織り交ぜるとより具体的になり、読み物として魅力的になります。

自分が「読んでみたい」と思える記事を書いてみる努力をすることが、読者に取って「面白い」と思える記事になるということですね。

29 医療――下調べをして体験談も加える

V(- ¥-)V ごとう さとき／みちだあこ

医療関係は需要の多いジャンルのひとつです。しかし、医療記事に間違った情報は絶対に許されません。下調べは入念に行う必要があります。執筆するのは医療専門家か、もしくは病気の体験談があることがベストです。

医療系のライティング案件

Web ライティングの中でも、医療系のテーマの依頼は意外と多くあります。医療記事でよくあるのは病気に関する記事です。「死んでも健康になりたい！」という健康マニアも含めて、人々は健康と病気に関する情報にとても関心が高いのです。そんなニーズに応えて病気に関する記事のオファーが多いわけです。

医療記事のライティング案件は大きく次のように分けられます。

- **資格の取得方法に関する案件**
  医療事務や看護師、または歯科技工士などといった、医療業界で有効な資格とその取得方法を紹介した記事
- **病気に関する案件**
  読者が罹る可能性のある病気に関して症状や原因、あるいは治療法などを紹介する記事

医療系の資格の取得方法に関する記事

医療系の資格取得の方法は、資格の取得法や有用性、あるいは勉強法をネットで調べるだけで記事にできます。

ただ、そうした記事は、やはりネットで調べただけの記事にすぎず、他の Web ライターとの差別化をするには、よほど独自性のある考察をしないとクライアントから高い評価は得られません。

自分が医療系の資格を持っているのであれば、資格を取るための勉強経験や受験体験をもとにすれば、付加価値の高い記事になるはずです。

友人知人に有資格者がいる場合は、話を聞いてみると、他の記事にはない貴重な情報が得られるかもしれません。

自分を含めて誰も医療系の資格を持っていない場合、自分が資格を取得する気になって、ネットで取得方法を探してみると、意外と気づかなかったネタが見つかるかもしれません。

専門用語をどう解説するか

ネットで医療記事が数多くあるのは、あくまで読者のニーズが高いからで、Web ライターにとっては難易度が高く、決して書きやすい記事ではありません。

まず、医療には専門用語が多く、医療記事ではそれを読者にわかりやすく伝える必要があります。

書くべき同じテーマを扱った記事は、ちょっと検索すればすぐに見つかるとは思いますが、それらの記事に書かれていることを理解し、自分の言葉で伝えることは、他の分野の記事に比べてハードルが高いといえます。

もともと医療分野の基礎知識のある人であれば、さほど苦労しないかもしれません。しかし、内臓の機能もよくわからない素人にとっては、病気の症状や原因、あるいは治療法を読者にわかりやすく説明するというのは相当難しいでしょう。

ただし、考えようによっては、そうした専門用語を解説する記事は、読者にとって有意義な情報となります。Webライターに求められているのは難しい専門用語を読者に解りやすく解説することです。また、医療系の専門用語に強くなれば他の医療系の仕事でも役に立ちます。難しい分野ですが、チャレンジする価値はあります。

医療記事を書くときの注意

医療的資格を持つWebライターの場合

他のジャンルの記事に比べて、医療記事はうっかりすると法律に触れる可能性があるというリスクがあります。

抵触する可能性のある法律は「薬事法」と「医師法」です。病気の治療法や民間療法について書く場合に「がんが治ります」という表現をしたとします。その記事で説明した薬や治療法が、がんに対して効果があると公式に認められていればよいのですが、そうでない場合は薬事法違反に問われる可能性があります。

また、病気の治療法で「○○しなさい」といった指示をするような書き方も問題になる可能性があります。

Web 記事による指示が医師法に抵触する「医療行為」になるかどうかは微妙なところですが、病気の治療に関して読者に強要するような表現は極力避けるのが賢明です。

医療的資格を持たないWeb ライターの場合

薬事法に詳しい人ならば、薬の効果は書いてはいけないという認識の人が多いと思います。しかし、それはあくまでも広告の場合のみです。薬効表現は広告やPR記事に書いてはいけません。しかし、広告、宣伝目的ではない記事ならば薬事法に触れるということはありません。とはいえ、やはり素人が安易に書いては Web ライターとしての信頼度にも関わってくるとはいえます

また、医療行為のアドバイスも法律違反ではありません。あくまでも「アドバイス」として書くのならばよいのです。「服用しなさい」などの強要する言葉を書いてはいけません。それではアドバイスの範疇を越えてしまうことになります。

ですから、医療記事には「必ず医療機関で受診しましょう」という締めの言葉があるはずです。

しかし、こういった Web ライターのアドバイスも、結局は素人意見。その記事を鵜呑みにした読者が記事の内容を試し、重大な事態を引き起こす可能性があります。

なんの資格をもたない素人が、気軽に書くことができないジャンルが「医療」です。しっかりと調査をし、その記事に対して責任をもたなければいけません。そのため、記事の単価が高いことが多いのです。

医療系記事の命は信憑性

医療記事は医学的に間違っている内容は絶対に許されません。

多くの場合、記事のオファーを出すクライアントはWebの制作会社です。納品した記事の誤字や脱字といった文章的な間違いは気づきますが、医学的な間違いまでは気づきません。

ですから実際に記事がネット上にアップされてから、医学的な間違いが発覚して大問題になる……という最悪の事態がおきる可能性もあるわけです。

そんな事態を避けるため、医療系の記事は取材・下調べを入念にすることが重要です。取材は現役の医療業界従事者から、記事のテーマに関して直接話を聞ければ一番ですが、そういう人脈がなくても、ネットによる情報収集という手段があります。

ただし、ネットで得られる情報がすべて信用できるかといえば、そうではありません。むしろネットに溢れている情報の多くは出典元がハッキリしない不確かなものです。

このことはどのジャンルの記事を書くときでも同じですが、いくらわかりやすくてためになるサイトを見つけたからといって、そのサイトに書かれている情報を鵜呑みするのではなく、ちゃんと他のサイトも参照し、書かれている情報が最新で信用きるかどうかを確認しましょう。

特に医療技術は日進月歩で進歩しています。がんや糖尿病といった発症率の高い病気は、次々と新しい治療法や検査法が登場しています。それに対して、ネット上の記事というのは最先端技術に対応して、常に更新している情報サイトは意外に少なかったりします。

医療系の記事は情報の信憑性こそが最大のポイントです。他のジャンルの記事以上に入念な取材と下調べが必要なのです。

体験談がつけられれば最強

他の Web ライターには書けないような医療記事で、高い評価が得られるのは体験談です。

病気に罹ったことがある体験があれば、ぜひ、その経験を記事に織り込みましょう。病気や傷の治療中の人は「同じような症状の人がいる」ということが励ましになったりするものです。それに、同じ病気でも、個人差があるので参考になることもあります。

医者に受診してもらったら、そのとき診断で得たアドバイス、治療方法も書きましょう。

もちろん病気に罹ったのが自分自身ではなく、家族や友人知人でも構いません。そこで聞いた話は必ず医療記事のネタになるはずです。

無理やり病気になったり体験者を探す必要はありませんが、ネットだけの情報ではない、独自の情報を記事にできるかが、大きなポイントだといえます。

㈱インフォバーン
――Webメディア先駆者が説くWebライターとして生きる術

かみむらゆい

雑誌『WIRED』の元編集者6名が集まり、出版社として1998年に創業した株式会社インフォバーン。もともと出版社であったことから、当初よりコンテンツ作りには注力してきました。コンテンツマーケティングが一般化する数年前からコンテンツを中心としたWebメディア事業を展開し続けています。

▲ http://www.infobahn.co.jp/

▲クリエイティブフェロー
成田幸久さん

他社に負けない、オウンドメディアの生きた知見

インフォバーングループでは「ギズモード・ジャパン」や「ライフハッカー[日本版]」など、8つのWebメディアを運営しています。そういったメディア運営の知見を、オウンドメディアでも生かせるところが、他社よりも有利な点だと成田さんは言います。

「自社でWebメディアを運営するノウハウを生かして、一般消費者にはこんなコンテンツが刺さる、今はこんなトレンドがある、など社内で情報共有しています」（クリエイティブフェロー・成田幸久さん）

オウンドメディアのクライアントは約数十社。社内にいる編集者は40名ほどです。Webライターは、外部パートナーと提携。「ライターズシンジケーションWRITES」というサービスには約350名のライターが登録しており、今後も拡大していく予定です。

インフォバーンが求めているのは、Webメディアの特性をとらえたライティングだと言います。

「ソーシャルメディアも含めた、オウンドメディアそれぞれの特性に合わせて書けるWebライターは付加価値が高いですね。タイトルや書き方のトレンドも踏まえていてほしい。マーケティングの知識、企画力やキュレーションの力もあるライターは重宝されます」（成田さん）

Webライターとしての独立は、情熱から始まる

Webライターの仕事をしたいと思っても、実績がないうちはなかなか仕事を得ることができません。そんな人が活躍するには、どうすればよいのでしょうか？

「しつこいくらい連絡して、企画をどんどん出すことですね。以前、海外旅行誌の編集をしていたとき海外在住のライターに『企画を出してください』と言ったら、海外から段ボール箱いっぱいに企画書と資料を送ってきた人がいました。自治体からの資料をもとに、日本の名所について作成する連載記事があったときに、自腹で名産品を取り寄せて記事を書いた人もいました。常にそういう＋アルファを心がけている人には続けて依頼したくなるものです」（成田さん）

編集者はだれもが情熱が感じられるWebライターと仕事をしたいと考えている、とのことです。

「Webライターさんには、いかにユーザーのためになるか、という意識をもって書いてもらいたい。たとえば、カメラを売りたいなら、性能やスペックをいくらアピールしても、ユーザーの役には立たない。だから、カメラに興味がなくても、犬が好きという人に犬を可愛く撮れる方法を教えてあげよう、とか」（成田さん）

Webライターを見つけるにあたって、ブロガーを探すことも少なくないと言います。趣味で更新し続けられるということは、書くモチベー

ションが高いということ。それでいて専門性に富んでいる。そんなブロガーはWebライターとして活躍できる素質があるからだそうです。

「手間がかかってもブロガーを探したりしますね。自分の目で見ておもしろい人は間違いないですから。Webライターを目指すなら、まずはブログを始めてみるのがよいかもしれませんね」（成田さん）

Webメディアは、なくなる

情報があふれている現代では、コンテンツ自体に課金をさせるスキームは成功が難しいと言います。そのため、Webメディアを運営して利益を生むには、広告収入も欠かせません。広告収入を得るには、それなりのPV数を稼ぐ必要があり、昨今ペーパーメディアが衰退していると言われていますが、かと言ってWebメディアがお金を生むのが簡単というわけでは決してありません。

「弊社の代表取締役（小林弘人さん）は『メディアの未来は、メディアがなくなる』と言っています。コンテンツ課金や広告収入で稼ぐことが難しければ、どこで課金するのかを考えないといけない。リアル体験を含めたサービスと絡めるなどの新しい発想が必要ですね。たとえば、カフェなら店舗もメディアとして位置づけ、店舗でお金を儲けるためにWebではどんなコンテンツを提示するかを考えるわけです。そういう発想になるとWebメディアはもはや、Webメディア単体では存在しえなくなります。とはいえ、Webでのコンテンツの根幹はテキスト。Webライターの需要がなくなるわけではないと思っています」（成田さん）

なんとしてでもWebライターとして生計をたてたい人なら、その熱意を評価してくれるインフォバーンの門戸を叩いてみない手はありません。

■募集要項

http://www.infobahn.co.jp/siteinfo/writes

第6章

Webライティングのコツ

本章ではWebライティングの上級編として、さらに読まれる文章の作成方法を説明します。また、取材の裏技なども紹介します

30 読まれない文章と読まれる文章

みちだあこ

雑誌や書籍よりもWebの文章は斜め読みされやすいです。それどころか、読まれることすら難しいものなのです。ならば、斜め読みするお手伝いをしましょう。技術があれば、最後まで読んでもらえる文章が書けます。

Webの文章はほとんど読まれない

「PV▶注をそこそこ稼いでるから、読んでくれている」そう思ってはいませんか？

PV が 1,000 あったとしても、内容をちゃんと読んでくれている人は 1 割にも満たないでしょう。

Web の文章を一言一句丁寧に読む人はいません。それどころか、タイトルにだけ釣られて見に来て、ちらりと見たらすぐにブラウザバックしているでしょう。

ですが、少しの工夫をすれば、あなたの書いた文章を読んでくれる人は増えるのです。PV も稼ぎつつ、読んでくれる読者も増やしたいですよね。そのためには、読者の視線に優しい工夫をすることが大事です。

PV：ページビュー（page view）の略。アクセス数を数える単位の 1 つ。どれくらい閲覧されているかを測るための指針です。

流し読みが前提と考える

雑誌や書籍と違い、Webの記事は流し読みされることが多いのです。理由はやはり、画面上の文章は目が滑りやすいことにあります。また、目が疲れやすいことも原因のひとつとなっています。

多くの人は、Webの記事を文章として捉えずに「必要な単語」を拾って理解しています。速読の応用と似ていますね。だから、冗長な説明文は「うわ、めんどくさい」と思って読み飛ばされることが多いのです。

後半になるともっと読む人が減る

Webの記事は長ければ長いほど、スクロールして読まなければいけません。すると、前半は目を通しても、下に行くほど読み飛ばす率が高くなります。そして、最後の「まとめ」だけ、目を通すのです。

この「まとめ」に気になる項目を見つけたら、またスクロールを戻して、必要な箇所だけ読みます。これが、Webの記事を読む人の視線の動きです。

流し読みのお手伝いをする

流し読みが前提ならば、流し読みしやすい構成にすべきです。そうすることで、すぐにブラウザバックされることを減らすことができます。

タイトルで掴んだら、次は見出しで読者を掴んでおくのです。

人の視線はF字に動く

雑誌や書籍のレイアウトは、「Z字型」に視線が動くように考えられています。しかし、Webでは「F字型」に視線が動きます。

これは、Webユーザビリティの第一人者・ヤコブ・ニールセン博士の、「WebコンテンツはF字型に読まれる」というコラムにデータが掲載されています。

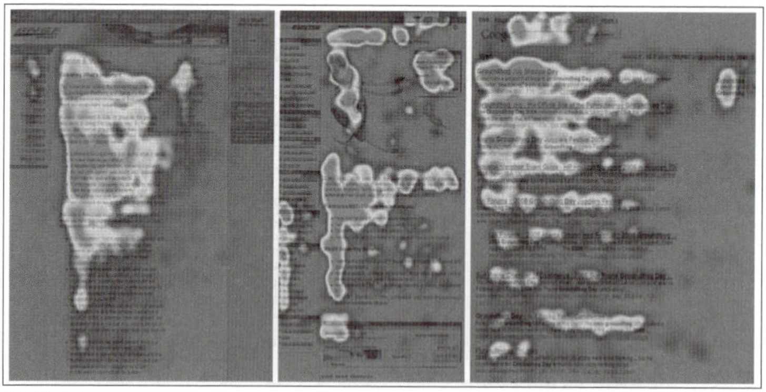

引用元：http://www.nngroup.com/articles/f-shaped-pattern-reading-web-content/

視線はタイトルから始まり、見出しに移ります。それから本文の書き始めに移動し、それから次の見出しへと移ります。また、画像にも多くの視線が集まります。

本文の書き始めは「惹きつける」一文を

タイトルは面白そうだし、見出しもわかりやすい。それなのに、本文に入るといきなりつまらなくなる記事。Web記事「あるある」ですね。

見出しまで視線を誘導することができたなら、次は本文も読んでほしいところですよね。本文の1行目でがっちりと、視線を惹きつけましょう。

タイトルと見出しの次に重要な書き始め

読みやすく、短文で、イメージしやすい一文。それでいてキャッチーで、わくわくするような書き出しが理想です。もちろん、はじめからすぐに書けることではありません。ですが、書き出しの重要性を意識するだけでも、意識していない文章よりずっとよくなるはずです。

見出しも書き始めも、「釣り」にとどまらないように

タイトルや見出しは面白そうでも、内容が全然違うことはよくあります。これもWeb記事「あるある」です。

タイトルに有名アイドル歌手の名前が入っていたから記事を読んでみたけれど、本文にはその歌手の名前が一文字も出てこない。こんな記事は大手メディアでも存在します（こういう釣りタイトルの記事を読んでしまうと、本当に腹が立ちます）。

Webライターの使命は読んでもらうことが最終目標ではありません。内容そのものに反論が起こる記事は、むしろ良い記事といえます。しかし、内容への反論ではなく、単に「釣られた、腹が立つ」と読者に思わせてしまう記事は印象が悪くなります。

タイトルや見出し、書き出し部分は、本文の内容と照らしあわせて大きな相違がないようにしなければいけません。

読者に怒りを買うだけの記事を書いてしまうと、クライアントからの依頼もなくなってしまいます。

31 SEOを意識したWebライティング

みちだあこ

SEOはコンテンツ制作の根本的な部分から関わってきます。しかし、クライアントから依頼を受けるWebライターができるSEOは、ごくわずかです。Webライターができるとは、人にもロボットにも読みやすくするための技術です。

検索エンジンに正しく読んでもらうライティング

「良質なコンテンツ」とは Web に適したテキストであり、それを作り上げることが Web ライターの役割です。

良質のコンテンツとは読者の「役に立つ」「生活の向上に繋がる」コンテンツです。そして、この良質のコンテンツを適切なユーザーへ届けるため、検索エンジンに正しく分析してもらうことを SEO といいます。

SEO は Search Engine Optimization（検索エンジン最適化）の頭文字を繋げた名称です。SEO にはさまざまな方法があります。その中で、Web ライターにできることは「良質なコンテンツ」を作成することです。Web ライターは Web に適した（＝ Google や Yahoo! などの検索エンジンに上手く読んでもらえるような）文章に仕上げなければいけません。

第 1 章でも SEO について触れていますが、ここでは、さまざまな SEO の方法の中から、Web ライターがしなければならない基礎をお伝えします。

ユーザーに読みやすい文章は検索エンジンも読みやすい

どんなに「良質のコンテンツ」を作ったつもりでも、それが読みにくい文章だったなら、読者は読む気が失せてしまいます。それはWebでも同じことです。

そして、検索エンジンにも「読者」のような存在がいます。「クローラー」という分析ロボットです。クローラーはWebサイトの情報を集めるロボットです。さまざまなWebサイトを周回し、そのWebサイトのテキストを分析して、検索エンジンのデータベースに登録していきます。これを「インデックス」といいます。書籍でいうところの「索引」と似たようなものです。

この「クローラー」というロボット。実は私達「人」と同じ動きを想定して作られています。つまり、私達が「読みづらい記事だなあ」と思うものは、クローラーも「読みづらい記事」と認識し、うまくテキストを分析してくれません。

すると、どんなに「良質のコンテンツ」を書いたとしても、クローラーはそれを把握することができず、インデックスしてくれないのです。つまり、データーベースにインデックスされなければ、いくら検索しても表示されない、という事態となるのです。

検索アルゴリズムという計算方式によって表示ランクが決まる

インデックスされたWebサイトを読者に表示させるために、検索アルゴリズムが使用されています。ハミングバード、パンダアップデード、ペンギンアップデードなど、聞いたことがある方もいるかもしれませんね。

クローラーが情報の収集担当ならば、検索アルゴリズムは情報の捜索担当といっていいでしょう。

読者が検索ボックスに入れた「キーワード」の意味や意図を理解し、読者がほしい情報をインデックスされた中から探しだして表示させます。

この検索アルゴリズムという計算方式にも、正確にWebサイトの中身を読み取ってもらわないといけません。

検索エンジンに読んでもらうには、HTMLの基礎も理解しておこう

クローラーや検索アルゴリズムがコンテンツを正確に分析できずに、必要としている読者のもとへそのコンテンツが届けられないとしたら、もったいないことだと思いませんか？

そのため、Webライターはクローラーや検索アルゴリズムに読んでもらえるように、工夫をしなければなりません。そのために、プログラミング言語で目印をつけるのです。

概要（ディスクリプション）を疎かにしない

記事の概要を「ディスクリプション」といいます。ディスクリプションの目的は、単に簡潔なあらすじを読者に読ませる、というだけではありません。検索エンジンに表示された場合、読者にクリッ

クしてもらうための重要な役割を持っています。

124 文字以内に内容をまとめる

Google で検索したとき、タイトルの下に 3 行程度の文章が表示されますよね。それがディスクリプションです。ディスクリプションが設定されていなければ、本文の冒頭部分が表示されます。

しかし 124 文字前後よりも多いと、文章の最後が「…」と省略されてしまい、その後の文章は切られ、全文を読むことはできません。尻切れトンボとなった文章になるため、読者はそのサイトに何が書かれているのかをはっきりと理解することができずに、クリックしない可能性が高くなるのです。

ですから、概要となるディスクリプションは 124 文字以内に収めることが大切です。

なお、メタディスクリプションというタグがあります。検索エンジンではタイトルの下に表示される概要にあたります。クライアントからは「概要」として 120 文字前後で依頼があるはずです。

50 文字以内でも内容がわかるように

124 文字前後で文章が省略されるのはパソコンで表示されるときだけです。スマートフォンで検索した場合は 50 文字程度で文章が省略されます。

つまり、全文は 124 文字以内。さらに 124 文字以内の中の前半 50 文字以内で、そのサイトの内容がとりあえずわかるように文章を書いておく必要があります。

32 テーマに合った検索キーワードをコンテンツに入れる

みちだあこ

「検索キーワード」を記事に盛り込むことは検索エンジン最適化のために重要なことです。しかし、正しくキーワードを設定すれば、読者にとてもわかりやすい記事になります。

検索キーワードとは

例えば、肉じゃがを作りたくなったけれど、作り方を忘れたとします。ところが、料理本が手元にありません。そこで、スマートフォンで肉じゃがの作り方を調べることにしました。検索ボックスに「肉じゃが　レシピ」と入力します。

このときに、入力した単語が検索キーワードと呼ばれるものです。

読者は検索キーワードを使ってWebサイトを探す

読者がWebサイトを見る方法には「検索エンジンで調べる」「SNSで回ってきたURLをクリックする」「何かで見たURLを直接打ち込む」などがあります。

バズ（口コミ）目的のWebサイトでない限り、ほとんどの読者は「検索エンジンで調べる」という行動をとってサイトを訪れます。そのために、作成する記事には必ず「検索キーワード」を入れなければいけません。

検索キーワードを入れることによって、検索エンジンのロボットに「この記事のテーマはナニ」と分析させやすくできます。そうすることで、検索エンジンはその記事を適切な読者へと表示してくれます。

もし、冒頭のように「肉じゃが」「レシピ」で検索したのに、料理の手順ではなくて料理本が紹介される記事が出てきたらどう思いますか？

「違うよ、今すぐ作りたいから本じゃなくてレシピ教えてよ」とイライラするでしょう。検索エンジンは読者がいかに快適に情報を取得することができるか？ということに重きを置いています。

複雑な問題も反復に反復を重ねて解決し、すでに膨大なユーザーが情報をすばやくシームレスに検索できているサービスに対しても、絶え間ない改善を続けています。

※ Google が掲げる 10 の事実（https://www.google.com/intl/ja_jp/about/company/philosophy/）より

検索エンジンは読者に与えるストレスを減らせるように進化しています。

しかし、いくら検索エンジンが進化しようとも、サイトに記事を執筆する Web ライターが「ユーザー（読者）への利便性」を忘れてしまっては意味がありません。

キーワードを設定するのは検索エンジンのためだけではない

検索エンジンに表示されやすくするために、検索キーワードを設定します。しかし、検索キーワードを設定すると、検索エンジンのクローラーだけではなく、人である読者にも親切な記事になります。

なぜなら、タイトルに「肉じゃが」「レシピ」という検索キーワードを入れることで、読者もそのページにどんな情報が掲載されているのかを瞬時に理解できるからです。つまり、ユーザーがわかりやすい記事は、検索エンジンのロボットにもわかりやすい記事になるということです。そうすることで結果的に、検索エンジンで上位表示されやすくなります。

キーワードを考える

理屈は頭でわかっても、なかなか実践できないのが検索キーワードを考えることです。検索キーワードは簡単なようで実は奥が深いのです。

検索キーワードを考えるうえで大事なことは、「ユーザーの立場に立つ」「必ずツールを使って実数を見る」ことです。思い込みや妄想で検索キーワードを設定すると、誰にも見てもらえない記事になってしまいます。

ユーザーの立場になって考える

「女子力」がテーマのサイトに記事を執筆することになりました。

そこで、あなたは「化粧水について書いてみよう」と思います。はじめに考えたタイトルはこれです。

「ぴちぴちお肌になるためにすること」

さて、この記事を読む読者はどんな人でしょうか？「ぴちぴちお肌」になりたいのは、どんな女性？ それは何歳の人？

そもそも、化粧水のことについて書くはずなのに、タイトルからは化粧水を使った美容法のことだとはわかりません。化粧水を検索キーワードとして検索する人は、どんなことを知りたいのでしょうか？

20 代で乾燥に悩んでいる人は、どんな化粧水なら効果があるのか？ を知りたがっているとします。ならば、検索するときに使う検索キーワードは「化粧水」「効果」かもしれません。30 代の人ならシミに効く化粧水が知りたいかもしれません。それならば、検索キーワードは「化粧水」「シミ」かもしれませんよね。

このように、読者が化粧水について、どのような検索キーワードで検索するのかを考えることが大切なのです。

33 テーマに合った検索キーワードをツールで確認する

みちだあこ

「検索キーワード」を記事に盛り込むために使えるツールがあります。それらのツールを活用することによって、より多くの読者を獲得できます。そんなツールの使い方を覚えておきましょう。

ツールを使って確認する

あなたは、「化粧水」「シミ」という検索キーワードが、どれぐらい検索されているのかご存知ですか？ わかりませんよね。ではツールを使って調べてみましょう。

Google キーワードプランナー

無料で使用できる、検索キーワードのボリュームなどを調べるツールです。

https://adwords.google.com/KeywordPlanner

月間別にどれだけ検索されているかを、数値とグラフで表してくれます。実数ではありませんが、およその目安にはなります。「化粧水」と「シミ」で調べたところ、月間平均検索ボリュームが「170」と出ました。多いほうではありませんが、ゼロでないだけマシ、といったレベルでしょう。では、どんな検索キーワードならよく検索されているのでしょうか？

goodkeyword

Google や Bing などで検索されている関連キーワードを表示してくれます。

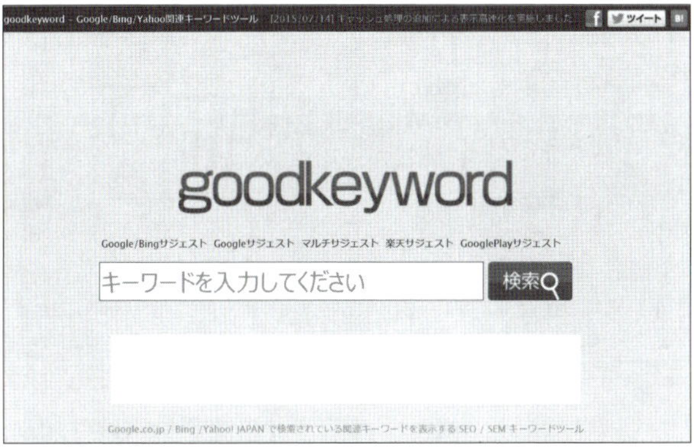

http://goodkeyword.net/

このツールで「化粧水」を調べてみると、関連キーワードに多いのは「おすすめ」「ランキング」「使い方」でした。

「化粧水」を検索した際に右下に表示されるボックス内にある語句を Google キーワードプランナーにそのままコピー＆ペーストしてみます。

・化粧水　　　　　　：40500
・化粧水、ランキング：18100
・化粧水、おすすめ　：　9900

数値だけを見ると、検索ボリュームが一番多い「化粧水」を入れるだけでよいと思うかもしれません。しかし、検索ボリュームが多いから、あなたの記事が検索されやすくなる、とは限らないのです。検索される数が多いということは、それだけ競合も多いということです。次のような組み合わせが狙い目になるでしょう。

・化粧水、口コミ　：5400
・化粧水、手作り　：1600
・化粧水、使い方　：1300
・化粧水、ニキビ　：1300
・化粧水、コットン：1300

Googleトレンド

読者がどんなことに関心があるのかを調べるツールです。ここから人気のある検索キーワードを選んでもよいですね。

https://www.google.co.jp/trends/

今回は化粧水の人気の傾向をみてみましょう。「化粧水，使い方」で調べると、あまり変動はありませんね。つまり、流行り廃りのない息の長い記事になる可能性がある、ということです。

キーワードはタイトル、概要、見出し、本文に入れる

使う検索キーワードを「化粧水」「使い方」と決めまたら、これをタイトル、概要（ディスクリプション）、見出し、本文に必ず入れるようにします。

・タイトル：
化粧水の使い方次第!?　30代でも赤ちゃん肌になれる5つの方法
・概要：
化粧水ってどのように使っていますか？顔にぱんぱんとはたくだけ？いえいえ、実は化粧水の使い方ひとつで疲れた30代のお肌もぷるぷる赤ちゃん肌に生まれ変わります。
・本文：
（大見出し）化粧水の使い方をおろそかにする女子は損をする？
寝る前にちょこっと化粧水をほっぺにぱんぱん……（中略）。
この使い方で本当に大丈夫ですか？

検索エンジンに表示されたとき、ディスクリプションに埋められたキーワードは太文字になります。この太文字で表示されるだけで、クリック率がぐんと上がります。

34 読ませたいタイトルを付ける

冨田弥生

タイトルの良し悪しは、読者数を左右します。Webでは、人間と検索エンジンの2者が、あなたの記事を読んでいます。ここでは、読者目線と検索エンジン目線の2つの視線に分けて、タイトル付けのノウハウを解説します。

なぜタイトルにこだわらないといけないのか？

記事のタイトルは、検索エンジンの検索結果のページに表示されます。それゆえ、タイトルは読者がその記事を読むか読まないかを判断する最初のチェックポイントとなります。

いくら良質な記事を書いても、タイトルが人目を引かないものだとクリックもされず、せっかく書いた記事も読んでもらえません。また、あなたのタイトルの付け方によっては、意図したキーワードで、検索エンジンで表示されない可能性も出てきてしまうのです。

こうしたことからWebライターには、読者と検索エンジン、両方から評価されるタイトルを書くことが求められているのです。

読者に「この記事読みたい！」と思わせるタイトルとは？

キャッチ—なタイトルを考える

数ある記事の中でもあなたの記事を読んでもらうために、「読者が思わず読みたくなるようなタイトル」を考えましょう。

記事にする物事をしっかりとリサーチし、タイトル付けへ反映させましょう。ただの内容説明ではなく、人目を引くタイトル付けが必要です。

キャッチーなタイトルってどうやって付けたらよいの？ とお困りの方に、読者に「読んでみたい」と思わせるタイトルになるためのコツを、以下で４つ紹介します。

人目を引くタイトルになるための、４つのコツ

その１：人気であるよりも、人気を落とすような内容

例：

×：2015 年！ ジャニーズの人気グループ特集

○：2015 年！ 実は人気凋落？ どうなるジャニーズのあのグループ ?!

例：

×：まだまだ続く、ムーミンの人気

○：ムーミンの人気も、もうここまで ?!

その2：読者が、日ごろ疑問に思っていることへの解決策が書いていることが予測できる

例：

○：なぜ今若者は、友達と遊ぶとき、家ではなくネカフェへ行くのか？
○：なぜ山手線はよく止まるのか？ 停車理由の「ドア点検」の裏事情

その3：読者に危機感を与える

例：

○：2015年に売っておかないと絶対に損をする企業の株20選

その4：効果が数字でわかるタイトルにする

例：

○：70キロだった私が、1年で30キロ痩せた方法
○：TOEICスコアをたった3ヵ月で780から880へ上げる方法

興味のある分野は人それぞれです。そのため人によりピンとくる内容は違います。例えば株をやっていなければ、損をする株の情報なんて知らなくても、それを危機と感じません。しかし、上記に挙げた要素は、他のジャンルの記事でも使えます。例えば、家電好き

な人へ向けた記事であれば、「その3」の例で挙げたタイトルにすると、「2015年に買っておかないと絶対に損をする家電製品20選」と、言い回しを変えられます。

タイトルのキーワードを決める際にはビッグワードのみの使用は避ける

ビッグワードとは「パソコン」「コーヒー」「ホテル」などの大まかな単語のことを指します。

例えば、パソコンを買いたいと思って、インターネットの検索エンジンに「パソコン」とだけ入力して検索する人はほとんどいません。「パソコン　格安」や「パソコン　メーカー名」など、他のキーワードと組み合わせて検索する人がほとんどです。

もっというと、「ノートパソコン　おすすめ」「デスクトップ　最新」など、「パソコン」というビッグワードは使わず、パソコンの種類で検索をかける人もいます。なので、タイトルにどうしてもビッグワードを含めたいときは、他の用語と組み合わせたキーワードを作りましょう。

また、その際キーワードは2つ以上3つ以内にしてください。キーワードは多くても3つまでです。皆さんが検索エンジンで検索をかけるときを思い出してください。検索するとき、入力するキーワードは、多くても3つくらいではないでしょうか。

【検索エンジン対策】
SEO対策も考慮したタイトル付け！

なぜWebライターがSEOのことまで気にしてタイトルを付けないといけないのでしょうか。それは、あなたの記事を読んでいるのは、人だけではないからです。

キーワードは、必ずタイトルの前半15文字以内に入れる

例えば、「新宿にある行列のできるとんこつラーメン！ラーメンファン絶賛の小滝橋通り店の味」というタイトルがあったとします。

実はこれだと、「小滝橋」「ラーメン」で検索した人が、あなたの書いた記事を見つけられる可能性は低くなります。なぜなら、検索エンジンは2つのキーワードを、記事のタイトルの前半にある文字（約15文字以内）からすくい出し、その記事が検索ワードとマッチングしているかを決めていると言われているからです。

なので「新宿」「ラーメン」のキーワードで探した人はあなたの書いた記事を見つけられるかもしれませんが、「小滝橋」「ラーメン」と検索した人はあなたの書いた記事を読む可能性がさらに低くなってしまいます。

そのため、「小滝橋」「ラーメン」でヒットさせたい場合は、タイトルを次のように変更する必要があります。

例：新宿小滝橋通りのラーメン店！とんこつファン絶賛、行列のできる味

読者、検索エンジン両方に共通する執筆ノウハウ

人と話す際もそうですが、相手から「これってさー……」と言われても「“これ”って、何？」となるとき、ありますよね。文章でも同じです。「これ」「あれ」「それ」と書かれるより具体的な名詞で提示された方が、何について話しているのかすぐにわかります。

インターネットメディアの読者は時間をかけずに情報を得たい心理があります。そのため具体的な名詞を使って文章を書いてあげることも、Webライターの使命なのです。

35 ターゲットを想定する

みちだあこ

「ターゲットを想定」すること。それはWebライターにとって、とても大切なことです。記事を書く前に、誰に読んでもらいたいのか？ ということをしっかりと考えましょう。

その人は本当にそれが欲しいのか？

足元にお腹を空かせた猫がいます。その猫にあなたは何を与えますか？「私はパンが好きだから、パンをあげる」という人がいたら「ちょっと待って！」と止めたくなりますよね。

あなたならきっと、猫が「好きそうなもの」「与えても安全なもの」を考えてご飯を探しますよね。さらに、その猫が赤ちゃんなら「ミルク」、老猫なら「柔らかくて消化によいもの」と考えるはずです。

これがいわゆる「ターゲットを想定する」ということです。このターゲットが外れていると、誰に向けて書かれたものなのかわからない記事になってしまいます。

ターゲットを絞らなかったらどうなる？

ターゲットを絞らなかったら、どうなるのでしょうか？

冒頭に書いた「猫にパンをあげる」ような、内容に矛盾や理解不能な箇所が多く出てくるでしょう。猫は「パンには興味ないから」

と逃げていきますね。同じように読者も、あなたの書いた記事を読むことはありません。

不特定多数の人に向けたメッセージは誰にも届かない

記事を書くときにやってしまいがちになるのが「いろんな人に、多くの人に読んでほしい」という気持ちを持ってしまうことです。

たしかに、記事を書くからには大勢の人の目に止まってほしいものです。しかし、それは街頭で大勢の人にプロポーズすることと同じです。「あなたもあなたもみんな大好き！」なんて言われても、誰の心にも響きませんよね。

Web ライティングは手紙のように相手に向けて書く

Web の記事は手紙と違って、Web サイトに掲載されます。それはネットに繋がる人なら誰でもアクセスできるような場所です。そのため、無意識に不特定多数に向けて書いてしまいがちです。しかし、Web ライティングも実は手紙と同じ。一対一で相手と対話することが大切なのです。

Web ライターの仕事は相手の「悩み」を聞いてあげることから始まります。その「悩み」に応えることで、相手はあなたの話に耳を傾けるのです。

ターゲットはより細かく的確に作り上げる

ターゲットを絞ることは頭でわかっていても、実際に絞ることは難しいのです。なんとなく「30代」や「若い女性」と年齢と性別だけで終わってしまうことが多いからです。

クライアント案件にはすでに大まかなターゲットは作られている

クライアントが依頼してくる仕事のほとんどは、すでにターゲットは決められています。

美容系ならば「20代のコスメに興味のある女性」「40代のスキンケアに悩む女性」と大まかなターゲットは、渡される資料に記載されているはずです。記載がなければ、クライアントのサイトを見てみましょう。

さらにターゲットを絞り込む

例えばクライアントからの資料に「20代のコスメに興味のある女性がターゲット」とあったとします。でも、このままだとターゲットの範囲が広すぎますよね。

まず、「20代のコスメに興味のある女性」から連想するものをメモしていきます。なんでもよいので、どんどんメモに書き出していきます。いわゆる「ロジック・ツリー」や「マインドマップ」と呼ばれる方法です。

書きだした言葉を組み合わせて、ターゲットを絞っていきます。

「唇」「荒れる」「口紅」ならば、「唇が荒れて口紅を使用できない女性」が出来上がります。

ターゲットが世の中にどれぐらい存在するのかも調べる

そのターゲットがネットで検索しているのか？ を調べます。Web ライターが書いた記事が掲載される場所は Web なので、ネットで検索されなければ意味はありません。

「Google トレンド」や「Google キーワードプランナー」で、どれぐらい需要があるのか調べましょう。類似サービスは Yahoo! にも存在します。

目標は「欲しい人のところへ欲しいものが届くように」

ターゲットを想定する大きな目標は、「ほしい人のところへほしいものが届くように」することです。ですから、ただやみくもにターゲットを絞ればよい、というわけでもありません。本当にその情報が誰かの役に立つのか？ を考えることです。ターゲットが絞られたら、あとは設計図を考えていくだけです。

「20 代のコスメに興味のある女性」が大元のターゲットなら、若い女性が読みやすいような文体にします。流行りの専門的な言葉を用いてもよいでしょう。「40 代のスキンケアに悩む女性」ならば、ていねいで上品な文体のほうが読まれることが増えるでしょう。

このように、すべての基板となるので「ターゲット」は慎重に考える必要があります。

36 構成のやり方ひとつでストーリーが面白くなる

みちだあこ

あなたはいきなり本文から書き始めていませんか？ 構成を考えないで書き始めるWebライターが多いのです。構成を無視して書くと、テーマがブレやすくなり、主張のわからない記事になってしまいます。

迷ったときはサスペンス型の構成にする

慣れないうちは結論（主張）から先に書く

Web と雑誌や書籍では読ませるテクニックが違います。なので Web では、「Web に適した方法」で構成をしなければいけません。そこでおすすめするのが「結論（主張）から書く」ことです。

小学校の頃に構成の基本である「起承転結」もしくは「序破急」を学んだかもしれません。しかし、それはあくまでも基礎の基礎。

Web で読まれやすい構成のひとつとして、「結論（主張）」「本論（理由）」「再結論（再主張）」という 3 つの論で組み立てるという方法があります。

結論：あなたは風邪です。
本論：なぜなら、血液検査や MRI では大きな異常が見られなかったからです。さらに風邪特有の喉の痛みと発熱という症状が現れています。
再結論：だから、あなたの体調不良は風邪からくるものです。

なぜサスペンス型がいいのか

はじめに結論を持ってくる書き方は、まるで冒頭に犯人を明かしてしまう「サスペンス」と似ていますよね。特に2時間ドラマではこの「サスペンス」が多いです。それはなぜでしょう？

連続ドラマと違って、2時間ドラマは冒頭で視聴者を惹きつけなければいけません。なぜなら、2話目がないからです。「今回は視聴率悪かったから次回から盛り返す話にしよう」ということができません。

本編がはじまり、犯人の動機が主人公によって解明されていきます。視聴者に伝わりやすいように、少しずつ、ひとつずつ主人公が説明していくのです。

そして最後に、主人公が犯人に、犯行に至った動機を完結に推理して「だからお前が犯人だ」と結論づけます。

よくある黄金パターンです。しかし、黄金パターンだからこそ、視聴者を離さない構成はわかりやすいともいえます。

冒頭で犯人が犯行を犯すという衝撃的なシーンから始まる。
→視聴者「なんで、この人はこんなことをしたのだろう？」

本編で主人公がどんどん犯人を追い詰め、犯行の動機が解明されていく。
→視聴者「なるほど、あの犯行にはこんな理由があったのか」

ラストシーンで、犯人が主人公に動機を暴かれて捕まる。
→視聴者「だから、この人はあんなことしたんだね」

いきなり本文を書くのではなく「見出し」を考えてみる

本文を書く前に、ちゃんと構成を考えて書きましょう。

それにはまず「見出し」から考えていく方法があります。Web文章では、まず「見出し」を作ります。見出しとは、本でいうところの「目次」のようなものです。各段落に「見出し」をつけることで、どこにどんなことが書いてあるのかひと目でわかるように目印をつけるのです。

読まれやすい「見出し」のつけ方

Webの見出しには「階層」というものがあります。「階層」というと難しく感じるかもしれませんが、要は「見出し」に大中小があると思ってください。

階層に制限はありませんが、多くは大見出し→中見出し→小見出しの3つで成り立っている構成が多いです。

- 大見出し：記事の大きなまとまりのこと
- 中見出し：大見出しの中のそれぞれのブロック
- 小見出し：中見出しが長すぎた場合、さらにブロックに分ける

こうして見出しを考えてから、本文を書き始めたほうがよいでしょう。すると、見出しだけで内容がわかる書き方にも慣れてきます。

＜タイトル＞

- 身体が不調になったので病院へ行ってみた
  - ＜大見出し＞
    なぜか身体が不調だが心当りがない
    - ＜中見出し＞
      症状は喉の痛みと発熱と倦怠感
    - ＜中見出し＞
      一週間ぐらい改善の気配がない
  - ＜大見出し＞
    どの病院に行けばよいのかわからない
    - ＜中見出し＞
      とりあえず内科の病院を探してみた
      - ＜小見出し＞
        近所に内科の病院は４件あった
    - ＜中見出し＞
      事前に予約は必要か
    - ⋮
  - ⋮

「見出し」を作ってからパズルのように組み立てる

見出しを書き出したら、「結論（主張）」「本論（理由）」「再結論（再主張）」になるように、並べ替えていきます。特に、結論（主張）と本論（理由）に矛盾がないか確認しましょう。一貫性がない文章では、読者に信用されません。

37 アイディアの捻り出し方、採用されやすい企画の立て方

V(- ¥-)V ごとう さとき

記事の企画をWebライターが提案するという案件は、報酬額もそこそこよい仕事です。しかし、よい企画を考え出すのはなかなか大変です。読者に注目されアクセスされる記事の企画の探し方にはコツがあります。

記事のネタ（企画）は自分で考える

Web ライターの仕事はクライアントの要望によって、記事の書き方はさまざまです。テーマやキーワードだけではなく、すでに見出しも指定されていて、その見出しに沿った記事を書くだけという仕事もあります。

そういう仕事は見出しに関連する事柄を調べて書けばよいのですから、得意なテーマであれば楽な仕事でしょう。ただし、そうした「書くだけの仕事」というのは、報酬も安めです。

ある程度報酬額の高い仕事は、テーマは指定されているものの、どんな記事を書くかを Web ライターが企画を出して記事にするという案件です。

「好き」と「得意」は違う。読者に関心を持たれるネタを考える

書く記事のテーマというのは、案件の募集段階で内容は明示され

ているはずです。だから、自分の得意なテーマを扱っている案件を選ぶことがポイントです。

そして、実際に記事にするネタを出すわけですが、まずそこで重要なのは「読者が関心をもつ企画にする」ということです。

あなたが得意なテーマというのは、そのジャンルについて関心があり、ある程度の専門知識も持っているものでしょう。しかし、自分が面白いと思う企画と、読者が関心を持ってくれる企画は必ずしも一致するとは限りません。

企画を考えるとき、常に読者の目線で考えることが基本です。

新聞やTV、ネットなど常にニュースをチェックする

Web メディアの記事というのは PC やスマホなどで、ネットにアクセスしている人が読むことになります。そんな読者の関心を惹き付けるのは、時代に合ったタイムリーな話題です。なので、記事の企画を考える場合、今、世間では何が話題になっているのかを、常にキャッチしておく必要があります。

Web 記事のネタを考えるときに、テーマを眺めて頭を捻るよりも、TV や新聞、あるいは雑誌やネットニュースをチェックし、テーマと共通する話題を見つけだすようにしましょう。

ネタの王道は「キーワード解説」

マスコミや企業が話題作りのためにすることは、人が興味を持つ

ようなキーワードを作り出すことです。代表的なキーワードを挙げれば、「婚活」「草食男子」「墓仕舞い」といったものです。

これらのキーワードが話題となってブームが起こることもあれば、波に乗り切れず早々に消えてしまうキーワードもあります。

まだ有名になっていないけど、生まれたてのキーワードというものは、ニュースを小まめにチェックしていれば必ず見つかるはずです。

そうした、世間では、まだ十分に認知されていないキーワードを解りやすく紹介するという企画が、Web記事の王道ともいえるかもしれません。

体験の中からネタを出そう！

例えばテーマが資格に関するものだった場合、その記事を読もうとする読者の興味は、次のようなリアルに資格試験に活かせる情報でしょう。

・試験の対策方法は？
・受験費用はいくら位なのか？
・合格するために必要なことは？

あなた自身がすでに何らかの資格を取得している場合、そんな自分が体験したノウハウは、読者にとって非常に有益な情報になるはずです。同様にダイエット法や健康法などでも応用できます。

自分が体験して得た知識には、まだ世の中に知られていないネタが埋もれているかもしれません。そういった情報を企画にするのです。

ただし、自分の体験を企画にする場合、独りよがりの記事になってしまうことには注意しなければなりません。自分の体験が読者の役に立つのかは、裏づけ取材をして、読者目線の記事に仕上げましょう。

ネタに困ったときは比較して考えてみる

企画が思い浮かばなかったとき、アイディアの出し方として有効なのは、「視点を変えた比較をしてみる」という方法です。

例えば「○○というものは、今と昔でどう違うか？」といった現在と過去の比較をしてみます。

その昔、日本では運動中の水分摂取はご法度だったのですが、現在では脱水症状を抑えるために運動中の水分補給は推奨されています。なぜ昔は運動中に水を飲んでいけなかったのか？ そう考えると、もうひとつの記事分の企画ができてしまうわけです。

これと同じ発想で、「男の○○と女○○」といった男女の比較や、あるいは「日本と外国の○○事情」などの地域性の比較をしてみるのもよいでしょう。

テーマに関する視点を変えてみることで、企画のネタは無限大に見つかるはずです。

38 確かな情報を集める

松沢末和／らくしゅみっくす／V(- ¥-)V ごとう さとき

Webライターが記事を書くには、情報を収集する必要があります。情報を見つけるにはいくつかの方法があります。そして、その記事が公開されるからには、情報源は確かなものであることも必要です。

書店に足を運ぶ

現代はインターネットを介して、さまざまな情報が手に入る時代です。「書店に行かなくてもインターネットで済ませればよいじゃない」という人もいるくらいです。

しかし、そのような時代であっても、書店に行って情報収集をすることを忘れないでほしいと思います。その理由を挙げていきましょう。

本、雑誌の出版物などは確かな情報に基づいている

情報源として雑誌や書籍を使うことは、確かな情報を手に入れるためには不可欠です。雑誌や書籍などの出版物は、企画してから出版にいたるまで、何重にも情報がチェックされています。つまり、「比較的信憑性の高い情報が網羅されている」ということなのです。

Web ライターは「確かな情報を発信する」ことが大切です。あいまいな情報に基づいて記事を書いたのでは、記事が薄っぺらくなってしまううえに、信憑性もないものとなってしまうのです。

雑誌や書籍を購入するとお金がかかります。それでも、「確かな情報」にはお金を払うべきです。ある程度は「これも良い記事を書くために必要」と割り切ることも必要、と考えましょう。

世の中の人が何に関心を持っているのかがわかる

書店に行くと、「平積み」といって、よく売れている書籍がたくさん積まれています。「書籍がよく売れる」ということは「そのテーマに関心を寄せている人が多い」ということです。世の中の人が何に関心を持っているのかを知ることは重要なのです。

家族や友達、恋人との会話を思い返してみる

情報を集めるのにおすすめなのが、「家族、友達、恋人など身近な人が何に関心を持っているか、どんな疑問や悩みを抱えているか」ということに注意を向けてみることです。身近な人なら、「それについてどう思うの？」とか「それについて何かわからないことある？」などと質問するのもよいでしょう。

不特定多数の人の疑問や悩みを解消するような記事を書くのは本当に難しいです。顔も見たことがない人が何を考え、何に悩んでいるかを想像することが容易ではありません。

しかし、身近な人が何を考え、何に悩んでいるかを知ることはできます。そういった人の疑問や悩みを解消してあげるには、何をしてあげればいいのか？ どんな情報を集めてくればよいのか？ ということを考え、それを記事に盛り込みましょう。独りよがりな記事

ではなく、「実際に疑問に思っている、悩みを抱えている人」の立場に立って書かれた記事は、きっと別の誰かの役にも立つ記事になりうるはずです。

街で流行っているものを体験する

ファッション、メイク、グルメなどいわゆる「はやりすたり」が関係するジャンルを書くには「街で流行っているものを体験する」ことが大切です。

そして、重要なのは「流行を取り入れた記事になっているか？」ということです。いくら自分が好きでも、世間の感覚とあまりにかけ離れているようでは、情報としての価値は薄れてしまいます。なので、街に出て、流行っているものを見聞きして体験しましょう。

メイクだったら、デパートの化粧品カウンターに行って「今年はどんな色、どんなメイクが流行っているのですか？」と聞いてみるのもよいでしょう。ファッションだったら、ブティックで「今年のオススメアイテムを教えてください？」と聞いてみる、グルメだったら、人がたくさん並んでいるお店に一度は足を運んでみる、ということです。

また、Webライターの仕事は基本的には家でひとりで行う作業が中心になります。そういう日々が続くと、精神的にもあまりよくありません。特にひとり暮らしの人は「気がついたら数日誰とも話していなかった」という事態が起こりえるのではないでしょうか。リフレッシュのためにも、たまにはパソコンを離れて街に出てみましょう。

情報を集める場所と方法

数多くあるWebサイトの中で最も望ましいのは公式サイトやプレスリリースです。

なぜなら1次ソースとして最も信用性が高いからです。ソースには1次、2次などいくつか種類がありますが、公式から離れるほど、情報が変化している可能性があるため、信憑性としては低くなるからです。だから、公式サイトやプレスリリースが、使うに最もふさわしいソースといえるのです。

また、ネット上のWebメディアなどからもさまざまな情報を知ることができます。そこには経験談や専門家による解説、Webメディアが取材して得た情報、アンケートから集めた情報など、たくさんあります。

最後は自分の感性を頼りにする

いくら「人の役に立つ情報」であっても、自分に関心がないことについて調べたり書いたりするのは苦痛が伴います。そして、そのようにして書かれた記事の出来が良いということはあまりありません。

Webライターとして経験を積んできてわかることは、「自分が関心のないジャンルについて書いた記事」を読み返してみると、恐ろしく下手な文章に仕上がっているということがあります。

こういう状況を回避するにはどうすればよいのでしょうか？

方法としは、「自分が愛着や関心を持てるジャンルを作る」ことです。人間、生きていればひとつやひたつ、「このことだったら何時間でも調べていられる」という関心事はできるものです。「自分にはそういうものがない」と自覚している人は、自分の好きなものを書き出してみて「これならいけそう」と思う分野を開拓することをおすすめします。

「ネタ帳」を作る

普段からできる情報収集の方法は「ネタ帳」を作ることです。

Webライターの仕事をするとき、ネタ帳を作成することは有効な手段となります。普段からメモとペンを持ち歩いておいて、「あ、あれ面白そう」と思ったことを書き留めておくだけです。もちろん、スマートフォンのメモアプリ、もしくはエバーノートなどにメモする、というのもよいかもしれません。

そして、記事を書く、というときにそのネタ帳を見直して、「よし、今日はこのあたりの話から書いてみよう」という足がかりにすることができます。

Webの情報は出所に注意する

Webの情報を頼りにするときには注意してほしいポイントがあります。それは「情報の出所はどこか？」ということです。

情報源として、よく利用されるのがインターネット百科事典として有名な「ウィキペディア（Wikipedia）」です。しかし、ウィキペディアの情報が 100%信用できるものかというとそうでもありません。

出所の確かでない情報は、ときには誤りだった、ということもありえます。誤った情報に基づいて記事を書いたら、当然書いた記事も誤り、ということになってしまいます。誤った情報を流すことは、Web ライターとして一番やってはいけないことです。

Web の記事が面白くても、「この情報は確かな情報かどうか？」ということに常に気を配っていないと、誤った情報を鵜呑みにしてしまうというリスクが伴います。

Web の情報を使うときは、「この情報の出所はどこか？」「果たしてこの情報は正しいのか？」という 2 点に注意するようにしましょう。

39 取材での心得

らくしゅみっくす／八湊真央

「取材」とは「相手と会話をし、いろいろなことを教えてもらう」ことです。しかし、取材に慣れないうちはどうしたらよいか迷います。取材には、必要なフローと覚えておくと便利な「取材での心得」があります。

「取材」とは、つまり○○をすること

みなさんは「取材」と聞くとどんなことをイメージするでしょうか？ マイクを持ってインタビューしている様子や雑誌での対談など？ ではこの「取材」とは何をしているのかわかりますか？

取材とは、質問したいことの回答をもらったり意外な話を聞いたりすることです。しかし、取材において忘れてはいけないことがひとつ。取材は仕事ではありますが、「相手と会話をする」ことに変わりないこと。相手はいろいろなことを伝えてくれるわけです。相手を敬い、「ありがとうございます」という気持ちを忘れずにしましょう。

取材対象を決める

取材を行う場合は、ある程度原稿の構想ができていることが好ましいです。取材を行ったのに、「実際に原稿ができ上がったら取材

の内容はまったく取り入れられませんでした」では、忙しい時間を調整して取材に協力してくれた方に失礼にあたります。また、せっかく取材を行うのに、記事とはまったく関係のない内容で取材を行うのも意味がない行為です。

まずはあなたが書く原稿は、ある程度の方向性や構想は決めておき、それに対して「取材を行う必要はあるか？」「取材対象は適切か？」を見極めることが重要です。

相手に連絡を取る

取材をするために最初に行うのはアポイントメントを取る、つまり先方に「取材を希望している旨」や「取材したい内容」「日時や場所、方法」などを伝えて、予定を確保することです。

アポ取りの方法には電話やメール、SNS からなどいくつかあります。が、その前に最も大切なことをひとつ覚えておきましょう。それは、「相手に対して非礼がないよう、それでいてわかりやすく何をどのように取材したいか」をきちんと伝えることです。

連絡を取る手段として最も確実なのはメールや SNS です。なぜ確実かといえば、文章として残るため、伝え間違いや誤解が起こりにくいからです。また SNS の場合は普段からチェックしている人も多いため、確認してもらうのが早く、返事をもらうまでにかかる時間が短いことも利点としてあります。

しかしメールを送る場合、覚えておくべきことがあります。それは「先方に届いていない」「先方がメールに気づいていない」可能性があることです。問い合わせフォームから送信する場合の多くは

「自動返信メール」が手元に来るため、確実に送信されたことがわかります。しかし、メールアドレスから直接送ると、届いたことが確認できない場合が多いので、「送ったつもりが届いていなかった」ことも起こりえます。加えて、こちらのメールアドレスがフリーメールアドレスだと、先方のフォルダに「迷惑メールフォルダに振り分けられてしまう」こともあります。送ったからといって安心せず、「きちんと先方に届いているか様子を見る必要がある」ことに気を付けておきましょう。

電話の場合は、かける時間帯に気を配ります。企業の場合は、お昼休みや終業間近と思われる時間を避ける、店舗の場合は夕方など混雑しそうな時間帯を避けることが必要です。どうしても上記時間帯にかぶってしまった場合はていねいに謝罪を行ってください。最初の印象によって「取材を受諾してもらえる可能性」は大いに変わります。

「取材」の事前準備

取材日時が確定したら、次は事前準備です。

まずはアイテムからそろえましょう。メモやペン、ICレコーダー（対面インタビューで録音するのに必須です）、写真撮影も共に行う場合はデジタルカメラなどきちんとそろえておきましょう。

メモにはあらかじめ質問したいことを書いておきます。また、相手方の情報などをリサーチしてメモしておくのも大切です。

そして重要なことは取材場所の確認。初めて行く場所なら、地図にルートを書き込んでおくなど、迷って遅れることがないように気を付けましょう。もし近場であれば、あらかじめ近くまで行って時間やルートの下見を行っておくのがベストです。

取材当日に行うこと（メールや電話の場合）

先方に会う時間が取れない、遠方で会えないなどの理由がある場合、取材はメールや電話（Skype や LINE などの場合もあり）で行うことがあります。

メールの場合

文面は挨拶文・質問事項・お願いや連絡事項になります。質問事項は 1 つの文章としてまとめず、質問したい事柄をリスト形式や番号形式で記載します。そうすることで何について尋ねられているのか、相手が意図を汲み取りやすくなります。また質問事項は長々としたものにせず、要点で尋ねましょう。

お願いや連絡事項にはさまざまなことを記載します。例えば、先方に画像の提示をお願いしたいとき。こちらは質問事項と別個で記載しておきましょう。それから取材回答をいただいたあとの流れも忘れずに入れておきます。「原稿ができましたら一度チェックをお願いしたいので、ご連絡致します」「記事がアップされましたらご連絡致します」など、今後の流れについて必ず書いておきましょう。

電話取材の場合

約束した時間に電話をかけるのはもちろんのことですが、最初に必ず挨拶を行います。それからできれば録音も忘れずにしておくのがよいでしょう。状況によっては一度では聞き取れない箇所も出てきます（特に店舗の場合だとお客の声などでにぎやかなことも多々あります）。決めておいた質問に沿って尋ねていき、必要な回答を聞き、指定した時間に達したら、最後にお願いや連絡事項を伝え、「ありがとうございました」の挨拶とともに電話を切ります。

取材当日に行うこと（対面の場合）

取材は、実際に会っての「対面インタビュー」がほとんどです。

取材当日は約束の時間の５分前くらいまでには現地に到着するようにしましょう。ちなみに、ICレコーダーには必ず新しい電池を入れておくようにしましょう。以前使った電池やいつ使ったものかわからない電池を入れると、途中で電池が切れてしまい録音できていないことも。必ず新しい電池を使ってください。

また、先方と会ったらきちんと挨拶もしてください。対面取材の多くは時間が決められているため、スムーズな段取りが重要になります。時間いっぱい話を聞くためにも手早く準備をしましょう。

会ったらまずは「今日はよろしくお願いします」という挨拶と名刺交換をします。また、ICレコーダーで録音する際に「インタビューを録音させていただきます」と説明しながら準備します。

いざインタビューが始まったら、しっかり相手の目を見て話しを聞き、適度に相づちや感想なども少し述べ、そして気になるところにはどんどんと質問をしましょう。

また、話しを聞きながらメモを取るのは必須ですが、できるだけ相手の話をさえぎらないようにメモを取りましょう。メモ取りに集中してしまうと、相手が気を遣って話を止めてしまう場合があります。話の流れが一度止まると「相手が乗っていた状態なら出てきた話」が聞けなかった、ということもありえます。

それと、話が変わった場合は、IC レコーダーをちらっと見て「経過時間」と話の内容を手早くメモしておくとよいです。あとで聞き返す際に、「どこからどんな話になったかわかります」し、構成の際にも役立ちます。

取材が終わったあとに行うこと

取材が終わったあとは、できるだけ早くデータをパソコンに取り込み、元データのバックアップをいくつか作っておきます。電池切れや予想もしないトラブルで、デジカメや IC レコーダーのデータが飛んでしまうこともあるからです。

また、できるだけ早めに録音内容を聞き返し、どんな話だったかを思い出しながらメモを充実させましょう。その日のうちなら話の内容も覚えていますから、また後で 1 からすべて聞き直すことなく取材内容をまとめられます。泊まりがけの取材なら、寝る前に少し聞いてメモを作ってみるのもよいでしょう。

40 経費ゼロ円で取材をする方法

V(- ¥-)V ごとう さとき

プロのライターならともかく、副業のWebライターが記事を書くためにいちいち専門家の話を聞いて取材するなんて採算が合わない。そう思う方も多いでしょう。しかし、経費ゼロ円で取材活動をすることも可能なのです。

副業Webライターに取材は必要か？

一般的な取材のイメージは一般の人や、専門家からコメントを取ることでしょう。

そうして得た情報は、従来の Web メディアのコンテンツには載っていない独自の情報です。そんな情報が盛り込まれた記事の付加価値は極めて高いものとなります。

副業でする Web ライターでも、記事のクオリティを上げるためには取材は必要です。ただし、専業のプロライターではないのですから、取材旅行に出かけるとか、取材費を支払って業界の専門家や芸能人にインタビューをするなど、報酬以上の経費をかけてまで取材をすることは不可能です。

専業プロライターでも同じことですが、取材はあくまで報酬の範囲内で行うことが基本です。では、決められた予算枠の中で、より良い記事を書くためにはどんな取材をしたらよいのでしょうか？

グルメ・レジャー系の取材は楽しもう

報酬以上に経費がかかってしまっては仕事をやる意味はありません。ただし取材の中には、それがレジャーとして楽しめるのであれば、多少アシが出てしまっても納得がいくケースもあります。

代表的な例はグルメや旅行の取材です。美味しい料理や、旅行先のレポートなど、まずは自分で行って楽しめるものでなければ、読者に感動は伝わりません。ですから自分が楽しめた分は、使った経費が記事の報酬より高かったとしても納得ができるでしょうし、むしろ遊びで使ったお金の一部が、報酬として還金されると考えれば、お得なのかもしれません。

ネットでのネタ集めで自分だけの情報を探す

取材といってイメージするのは、記事を書くために現場に出かけて写真を撮ったり、関係者や有識者にインタビューしてコメントを取ったりすることでしょう。確かにそういった行為全般が取材なのですが、それらはあくまで取材の手段に過ぎません。

取材の目的は「質の高い記事を書くこと」です。したがって結果的に良い記事を書くことができるのなら、別にネット上の情報収集でも構わないわけです。広義の意味でいえば、それも立派な取材行為だといえます。

ネット上の情報のみを参考にして記事を書いたとしても、そこに独自の切り口での考察があれば、きっと良い記事になるはずです。

図書館を利用する

ネット上では、なかなか知ることのできない意外なネタが、書籍には眠っています。しかし、専門書籍をいちいち本屋で買っているのでは、すぐに予算をオーバーしてしまいます。

ですからそうしたネタを調べるには、近所の図書館を利用するのがベストです。公立図書館なら利用料金は無料ですし、必要ならネタの載っている書籍を借りることも可能です。

一般貸し出し（外への持ち出し）ができない特殊な書籍でなければ、参考にしたい書籍の現物が借りれます。ですから記事を書いている間、手元に置いておけばコピーを取る必要もありません。

国立国会図書館には近所の図書館にはない、貴重な書籍が数多く所蔵されています。館外への持ち出しはできませんが、閲覧室では自由に書籍やデータを見ることができます。また、国会図書館のサイトからデータで閲覧できる書籍もあります。

コピー代がもったいないのであれば、必要な情報をノートにメモするという手もあります。閲覧室はノート PC の持ち込みも可能なところもあるので、閲覧室の中で記事を書いてしまうという手もあるわけです（ちなみにデジカメやスマホで書籍の内容を直接撮影するのは禁止されています）。

近所に図書館のない場合は、図書館までの交通費がかかってしまいますが、それでも図書館での「取材」は十分に価値があるでしょう。

有識者へのコメントをタダで取る方法

専業のプロライターでもないWebライターが、専門家や有識者にコンタクトを取ってインタビューに応じてくれるだろうか？　と疑問に思う方も多いでしょう。

たしかにTVなどのメディアによく露出していて、誰でも知っているような有名人にインタビューを申し込むのは無謀です。連絡先くらいはネットで調べればわかるかもしれませんが、「タダでインタビューさせてください」などといったら、まず100%断られるでしょう。

したがってここでいう「専門家」とか「有識者」というのは、取材したいテーマに関して詳しい「業界人」を狙うのがポイントです。

テーマがグルメ系であれば、話題になっている料理の専門店の人に話を聞くという手があります。資格系のテーマであれば、その資格試験を仕切っている団体の事務所に問い合わせて話を聞くという手段も有効でしょう。

そうした問い合わせはだいたい電話で済ませられます。またコメントに関して、こちらが謝礼や報酬を支払うといわない限り、向こうから謝礼を要求するケースは滅多にありません。記事に関して有効なコメントを得られるかどうかは、聞く側のセンスとスキルが必要になりますが、何度も失敗を重ねたとしてもコツを掴めば、貴重なコメントが取れるようになるでしょう。

TRILL ㈱

――TRILLのファンだからこそ生まれる、新たな切り口をひらめく力

かみむらゆい

トレンドに敏感なアラサー女性へ、新たなライフスタイルと癒しを届けるTRILL株式会社のWebメディア「TRILL」。「True and Real」をコンセプトに、アラサー編集部の目線で、アラサーがきゅんとする記事しか配信しないという徹底的なこだわりで運営されています。

▲ http://trilltrill.jp/

▲ディレクター 原千春さん

Webライターは、頼りになる対等なパートナー

TRILLの外部Webライターは約70名。1名の執筆本数は1ヵ月に1～50本と差はありますが、みな、TRILLが大好きでモチベーションが高く、スムーズにやりとりできるWebライターばかりだそうです。

「TRILLの世界観が大好きだというWebライターさんばかりなんです。だから、『こういう企画を考えたので書かせてください』とか『取材に行ってきました。こういう情報があったので書いてよいですか？』って、積極的に提案してきてくれるんです」（ディレクター・原千春さん）

TRILLはWebメディアで1日10～15記事を、アプリでは100以上のCPからコンテンツ提供を受け、1日500～700記事を20～

40代の女性に向けて配信しています。
TRILL株式会社のメンバーは11名いますが、企画や編集に携わっているのはたった2名とのこと。
「企画が2人しかいないので、Webライターにすごく頼っています。急に『取材に行ってきてほしい』ってお願いしたり。だから、縦の関係じゃなく、お互いが対等なパートナーという感じ。それがうまくいっているポイントだと思います」（原さん）
Webライターと良い関係を構築するために、工夫もしていると言います。
「3ヵ月間くらいで辞められるWebライターが多かったんですね。なんとか続けてもらえるように良い関係を築きたいなと考えたんです。そこで、3ヵ月に1度くらい交流会を行うことにしました。毎回10～20人が集まります。おしゃれな方が多くて、私たちにも刺激になりますね。ライフスタイル、グルメ、エンタメなど、各自が得意ジャンルを持っているので、それぞれにとって新鮮な話が聞けて、面白いんですよ」（原さん）

TRILLの大ファンだからこそよりよい記事ができる

TRILLの世界観にマッチした、意欲の高い方であれば、Webライターとして活躍するチャンスはあります。
「Webライターの募集はTRILLのサイト内で行っています。募集していなくても『問い合わせ』から応募がくることもあります。募集していない時期でも、面談することもあります。なぜTRILLを選んでくれたのかが伝わって、そのうえでTRILLで経験を積んで夢を叶えたいんだっていう方にはお会いさせていただいています」（原さん）
Webライターに求めるものは、文章力よりもTRILLらしさや、TRILLをより良いWebメディアに成長させるという意欲や情熱だと言います。
「採用基準はTRILLの世界観にマッチすること。それから、どんどん良い記事を書いて行こうっていうマインドを持ってることですね。そういう方は『週2本以上書きます』とか、コミットしてくれるんですよ。だからおのずと良いWebライターに育ってくださって、コピペしただけのような記事があがってくることもありません」(原さん)

TRILLでは、正当な評価で報酬を支払うことにもこだわっていると言います。

「すべての記事に目を通して公開しているので、良い記事を書く人は肌感でわかるんですね。良い記事を書いてくれているって何度も思う人って、数値データもやっぱり良かったりする。感覚って当たるんですよね。そういう人の報酬はこちらから自主的にアップさせます」(原さん)

ひらめき力が、TRILLで活躍する秘訣

これからのWebライターには、Webならではのコンテンツを作れる、クリエイティブな力が求められると言います。

「何かと何かをかけ合わせるっていう切り口が大切なんです。でも、コンテンツが溢れている今、2つだけのかけ合わせではありふれた記事になってしまいがちです。最近良かった記事は、ハイブランドのファッションと音楽をかけ合わせて、さらにそこに動画をつけた記事でした。新作発表のショーの報告はもちろん、どんな音楽がかかっていたかまで書かれていて、さらに動画もある。トレンドがわかって音楽も聴けて動画で観れる。Webだからこそできる、ペーパーメディアと差別化できる、良いコンテンツだなと感心しました。そういうことをひらめく力を持った方はいろんなWebメディアで求められるはずです」(原さん)

大ファンだからこそ、TRILLをより良いWebメディアに成長させられる。そして、もっとTRILLを好きになる環境も用意されているとのこと。TRILL愛読者はぜひ、トライしてみてはどうでしょうか。

■募集要項

https://www.wantedly.com/projects/21895

第7章

Webライターが使うツール

本章では、Web ライティング時に便利なツールやソフトを紹介します。

41 快適なWebライティングのための安心・便利ツール

夕凪あかり

自分の書いた原稿を他人の視点で確認するのは高度な技が必要とされます。しかし、検品作業は責任を持って自分で行わなければなりません。そんなとき役に立つのが校正支援ツールです。その他、快適なWebライティングのためにあると安心・便利なツールがあります。

少しの手間でクオリティを向上させる校正ツール

パソコンを使っての原稿作成には、変換ミスや打ち間違いがつきものです。しっかり校正をしてから納品しましょう。納品した原稿に誤字脱字があっては信用もガタ落ちです。書き上げた原稿のクオリティは、内容面だけでなく、誤字脱字も含めて全体的にチェックされます。つまらないことで評価を下げるのは避けたいものですね。

原稿を作成したら、見直しをするのは基本中の基本です。しかし、書き上げたばかりの興奮冷めやらぬ状態で、それはなかなか難しいもの。自分の原稿を無意識にひいき目で見たり、知っている内容のチェックは甘くなっていたり……。じっくり見たつもりでも、おかしな記述が残ったりすることがあります。実は、自分の書いた原稿を他人の視点で見るのは高度な技が必要とされるのです。

だったら、校正支援ツールを使いましょう。

Word の校正機能

Word には、文章の校正を行うツールとして「スペルチェックと文章校正」が用意されています。使用する際には、事前に校正オプションの設定が必要です。Word の校正機能について詳しくは「43. 覚えておきたい Word のテクニックと Word 互換ソフト」の「校正機能を使う」（196 ページ）を参照してください。

校正支援ソフト「Just Right! 5」

ジャストシステムの校正支援ソフト「Just Right!5」は、雑誌や書籍、その他さまざまなメディア制作の現場でも使用されているプロ仕様の校正支援ソフトです。別売の「共同通信社　記者ハンドブック校正辞書」を導入すれば、新聞記事やニュースの文章で標準とされている共同通信社の用字用語に対応した校正を行うことができ、より高度な校正が可能になります。

http://www.justsystems.com/jp/products/justright/

「Just Right! 5」は法人向けの製品ということもあり、本体価格が4万円（税別）、「共同通信社　記者ハンドブック校正辞書」が1万6,000円（税別）と、やや高めな設定になっているため、個人で購入するのに躊躇する人も多いようです。興味がある人は、Web体験版で試してみてはいかがでしょうか。

日本語校正ツール「Enno」

「Enno」は、日本語のタイピングミスや変換ミス、誤字脱字のチェックをブラウザ上でできる校正支援ソフトです。チェックしたい文章をページ内のテキストボックスに貼り付けて、［タイポ / 変換ミス / 誤字脱字エラーをチェックする］ボタンをクリックするだけでチェックが行えます。

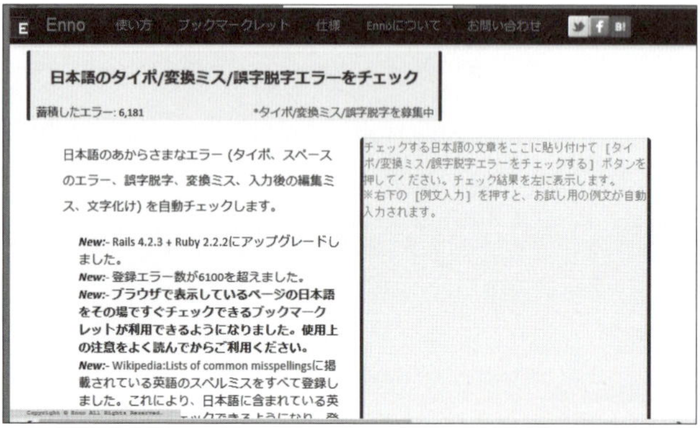

http://enno.jp/

校正を行う範囲は、タイピングミス、変換ミス、誤字脱字、全角文字の句点や読点の連続、行末の不要な空白チェックと限定されているため、他の校正支援ソフトと併用することが望ましいでしょう。

チェック対象とする文書は、「Webコンテンツや広報、論文など、一般に公開される文書」としていて、チェックを行う文書が安全なものかどうかの判断は利用者の自己責任に委ねられています。利用する際には、社内文書などコンプライアンスに関わるような文書のチェックは絶対にしないようにしましょう。

キーワードの出現頻度を解析する「EKWords」

Webライティングでは SEO を意識した原稿作りが欠かせません。そのコツとしては、「原稿中にできるだけたくさんの有意義なキーワードが含まれていること」とされています。原稿を執筆していると、置き換えができる言葉でも、安易に使い慣れた言葉を使っていることがあります。

そんなときに役立つのが「EKWords」です。原稿中に使われているキーワードの出現頻度を解析することができます。キーワードをダブルクリックすると、出現位置までジャンプすることができます。

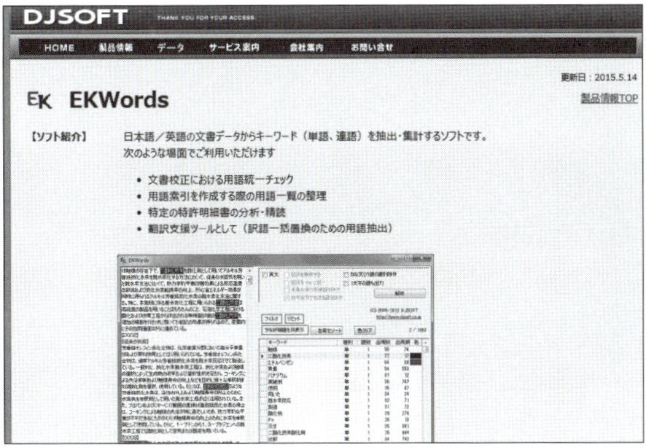

http://www.djsoft.co.jp/products/ekwords.html

情報収集にEvernoteを使おう

Evernoteは情報収集・編集ツールです。メモの作成や画像の保存、情報のクリッピング、データの共有、チャットなどができるワークスペースアプリケーションです。便利なのはなんといってもクリッピングです。Webブラウズ中、気になるページがあったらクリッピングして保存しておけば、あとからじっくり読むことができます。

クラウド対応なので、パソコンやタブレットからもアクセスができ、それぞれの端末での同期も可能です。なので、出先でも家でもいつでも同じワークスペースで作業ができます。

月間アップロード容量は、無料のベーシックプランで60MBまで、「プラス」プランは年間2,000円で1GBまで、「プレミアム」プランは年間4,000円で無制限となっています。

https://evernote.com/intl/jp/

画像を加工するならAdobe Photoshop

取材で撮った写真を原稿と一緒に納品する場合、撮影したWebライター自身で画像を加工する必要に迫られることもあります。そのようなときのために、画像加工用のツールとしてAdobe Photoshopは使えるようになっておきたいものです。

月々980円で利用できるクリエイティブクラウド

Photoshopには、簡易的な機能のみを搭載した「Adobe Photoshop Elements 13」(1万3,800円)という製品と、ソフト本体をクラウド上に持つ「Adobe Photoshop CC」(980円〜。プランにより異なる)という製品があります。

どちらを選択するかは、Photoshopを使用する頻度と、使いたい機能が搭載されているかどうかによります。Adobe製品は30日間試せる無料体験版がダウンロードできます。実際に使用してみて自分の使い方に合った製品を選びましょう。

http://www.adobe.com/jp/products/photoshop.html

42 遠方の人との連絡は SkypeやChatWorkを使う

夕凪あかり

住まいが遠方だったり、日中は時間の調整が難しいなど、さまざまな事情でクライアントと直接会って打ち合わせするのが難しいというWebライターはたくさんいます。しかし、離れた場所にいても、SkypeやChatWorkを使えば、動画や音声、チャットで打ち合わせを行うことができます。

ネットに距離は関係ない

Web ライターの仕事場の多くは自宅です。住まいがクライアントのオフィスから遠方だとか、時間に都合がつかないなど、さまざまな事情からクライアントのオフィスに出向いて打ち合わせをすることは困難だという Web ライターは大勢います。

しかし、この「遠方」というのは物理的な距離にすぎません。ここで紹介する Skype や ChatWork を使えば、時間と場所を選ばず打ち合わせができるようになり、クライアントとより密度の高い関係が築けるようになるのです。

Skype同士ならチャットや電話もすべて無料！

Skype（スカイプ）は、マイクロソフト社が提供するピア・ツー・ピアのソフトウェアです。ピア・ツー・ピアとは、通信方法のひとつで、複数の端末間で対等に通信を行い合うための仕組みです。

Skypeの機能には、大きく分けて通話、ビデオ通話、インスタントメッセージ（チャット機能）の3つがあります。

http://www.skype.com/ja/

通話

Skype同士での通話は無料です。パソコンまたは携帯端末のアプリを起動し、連絡先を選択するだけで通話することができます。同時通話の最大人数は25人まで。パソコンから通話する場合には、別途マイク（またはマイク機能）が必要になります。

通常の電話との間で通話をする場合（Skypeout）は、別途料金が必要になります。なお、Skypeは通常の電話とは異なるため、緊急通報（110番、119番、118番）に使用することはできません。

ビデオ通話

テレビ電話と同等の機能が「ビデオ通話」です。通話同様、パソコンまたは携帯端末のアプリを起動し、連絡先を選択するだけで通話が可能になります。同時通話の最大人数は、1グループで最大10人までです。パソコンから通話する場合には、Webカメラとマイク（またはマイク機能）が必要になります。

インスタントメッセージ（チャット）

「インスタントメッセージ」は､文字だけでやり取りを行うチャット機能です。ちょっとした連絡事項を手早く文字で伝えたり、声を出せないシーンでの連絡手段としても使うことができます。

ビジネスのやり取りに定評あるChatWork

ChatWorkは、グループワークをサポートするクラウド型ビジネスチャットツールです。主な機能は、グループチャット、タスク管理、ファイル共有、通話・ビデオ通話の4つです。

Webブラウザを使用して使用できるため、特別なインストール

http://www.chatwork.com/

作業は必要ありません。スマートフォンやタブレットからも、アプリを使えばアクセスできるので、時と場所を選ばず連絡を取ることができます。

グループチャット

ChatWork のグループチャットには、参加人数の上限がありません。Skype の場合、相手が Skype を起動していないと送信できないという制限がありますが、ChatWork の場合は相手がログインしていなくても送信することができます。

通話・ビデオ通話（ChatWork Live）

ChatWork の音声通話は、最大 100 人との間で同時通話ができます。ビデオ通話では、通常のテレビ電話のようにカメラを通じて通話するだけでなく、自分のコンピューター画面を相手のパソコンに表示することができるため、遠隔地からのプレゼンテーションも容易にできます。ただし、3 人以上でビデオ通話を行う場合には、パーソナルプラン以上の契約が必要になります。

ChatWork Live は、2015 年 5 月の段階で iphone には対応していますが、Android アプリではリアルタイムでの通話はできません。

43 覚えておきたいWordのテクニックとWord互換ソフト

夕凪あかり

ワープロソフトで最もポピュラーなのはMicrosoft Wordだといってよいでしょう。「パソコンに最初から入っていたからなんとなく使っていた」という人も多いかもしれません。そこで、Webライターならぜひとも知っておきたいWordの機能と、Wordを持っていない人でも同等の機能が使えるフリーのソフトを紹介します。

ワープロソフトの定番Microsoft Word

せっかくMicrosoft Wordがインストールされていても、文章を入力するためだけに使っているようでは、宝の持ち腐れです。ここではWebライターがぜひとも知っておきたいWordの機能を紹介します。

なお、ここではWord 2010を使って説明しています。お使いの環境と異なる場合があります。

文章構成を確認しながら執筆する

原稿を作成する際、文章構成を俯瞰しながら執筆したくなることはありませんか？ Wordでは見出しスタイルとナビゲーション機能を使用することで、文章構成を確認しながら執筆できます。

また、ナビゲーションウィンドウは、文章構成を確認するだけではありません。見出しを選んでドラッグすると、その見出しに含まれる本文を丸ごと移動できるので、文章の入れ替えも手軽に行えます。

① 見出しにしたい文字列を選ぶ
② ［ホーム］タブの［スタイル］で「見出し」をクリック
③ ［表示］タブの［表示］で［ナビゲーションウィンドウ］をクリック

ウィンドウの左側にナビゲーションウィンドウが表示されます。

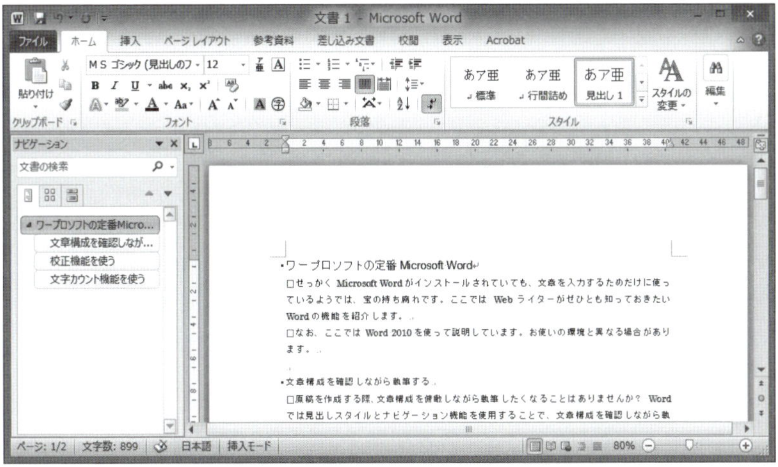

校正機能を使う

Word には、文字の係り受けや使い方、文章の揺れなどをチェックする校正機能があります。校正を行うには、［校閲］タブの［文章構成］で［スペルチェックと文章校正］をクリックします。

ただし、この機能は、事前に校正オプションを設定しておかなければうまく動作しません。「の」の連続、重ね言葉、助詞の使い方など細かい設定ができますが、設定のさじ加減にはある程度の慣れが必要です。

① ［ファイル］メニューの［オプション］をクリック
② ［文章校正］をクリック
③ ［設定］をクリック
④ 校正のスタイルや規則を設定する

校正機能オプション

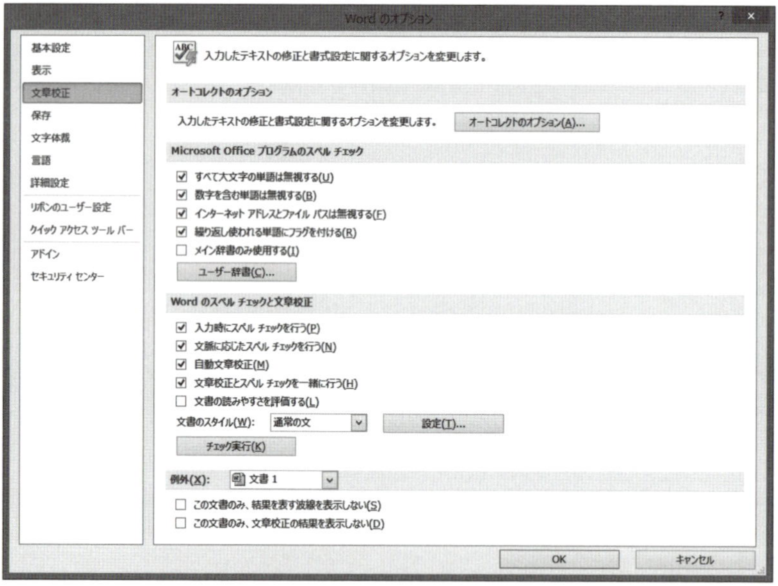

文字カウント機能を使う

　執筆中に「今どれくらいの文字数を書いているんだろう？」と気になることがあります。そんなときに便利なのが、Wordの執筆した原稿の文字数をカウントしてくれる機能です。

執筆中であれば、ウィンドウの左下に現在の文字数が「文字数：1,000」のように表示されます。でも、もっと詳細な情報を知りたい場合には、［校閲］タブの［文章構成］で［文字カウント］をクリックすると、ページ数や単語数、全体の文字数にスペースを含む／含まないなどを確認することができます。

文字カウント

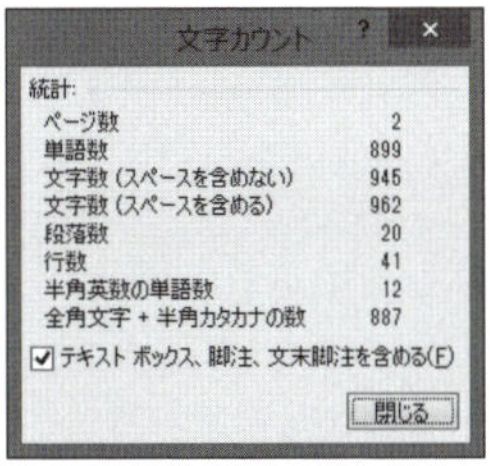

Word互換のフリーソフト

納品するデータ形式がWordなのに、自身のパソコンにWordがインストールされていない場合は、Word互換のフリーソフトを使うことで解決できます。互換のフリーソフトはWordと同じ機能をすべて持っているわけではありませんが、ほぼ同じ結果が得られる互換機能があります。もちろん、Word形式で出力することができます。

互換のフリーソフトで有名なものには、「OpenOffice」と「LibreOffice」があります。どちらもフリーで提供されていますから、実際に使ってみてどちらが使いやすいかを判断して利用してみてください。

OpenOffice.org

OpenOffice.org（オープンオフィス・オルグ）は、オープンソースソフトウェアを支援するApacheソフトウェア財団が提供するオフィススイートで、2002年5月にSun MicrosystemsのSolarisというOS上で動作する製品として登場しました。ワープロソフトはWriterという名前で提供されています。歴史も古く、Wordとの互換性も高いことで有名なソフトです。

http://www.openoffice.org/ja/

LibreOffice

LibreOffice（リブレオフィス）は、The Document Foundationという非営利組織が作成しているオープンソフトウェアのオフィススイートです。

LibreOffice は、もともと OpenOffice.org の開発に携わっていた開発者が、開発チームの考え方の違いから袂を分かち、バージョン 3.3.0 をベースに新たな別のソフトとして作ったものです。

ワープロソフトの Writer は、完全互換とまではいきませんが、Word に対して高い互換性を持ち、ユーザーニーズに応えた独自機能を装備していることから、人気の高いソフトとなっています。

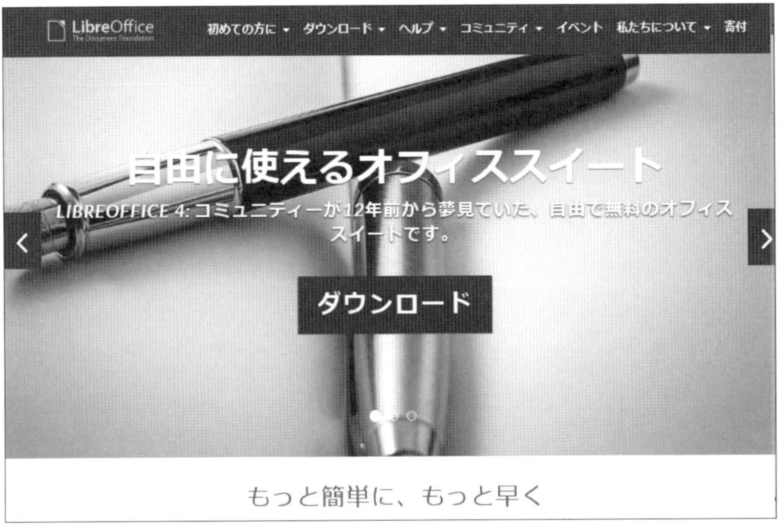

http://ja.libreoffice.org/

44 知っておきたい最低限のHTML

夕凪あかり

HTMLとは、Webページを作るための記述言語のひとつです。場合によっては原稿内にHTMLのタグを記述して納品する案件もあります。HTMLを知っていれば、より報酬の高い案件の受注に繋がります。言語といってもそれほど難しいものではありません。HTML案件の受注に備えてHTMLの知識を身に付けておきましょう。

HTML入稿の案件は増えている

HTMLとは、Hyper Text Markup Languageの略で、Webページを作るための記述言語のひとつです。言語といっても難しいものではなく、「タグ」と呼ばれる文字列を使って記述していくだけです。

Webライターが納品した原稿は、タグ付けされてからWebページに表示されます。そのため、案件によっては原稿作成時からHTMLを記述することを求められることもあります。最低限覚えておきたいHTMLを習得しておきましょう。

覚えておきたいHTML

HTMLには、記述する場所によって、ヘッダ部とボディ部があります。ページ全体に関わる設定はヘッダ部で行いますが、ここでは触れません。ボディ部で記述するHTMLで最低限覚えておきたいものを説明します。

改行

HTML は Enter キーでいくら改行しても改行とはみなされません。改行したい場合には、その場所で
 タグを記述します。

見出しと段落

HTML の見出しは、<h1> タグから <h6> タグまでの 6 段階で設定できます。<h1> タグが最も大きく、その下が <h2> タグ、さらにその下が <h3> タグと、数字が大きくなるにつれてレベルは深くなっていきます。使うときは、文字列を <h1> タイトル </h1> と囲みます。

各見出しの中に、段落ごとに <p> と </p> タグで本文を記述します。

文字装飾

Web ページのテキストはシンプルで飾り気のないものが多いため、文字装飾は、太字だけ覚えておけばよいでしょう。太字にしたい文字列を <strong> と </strong> で囲みます。

45 Web入稿に備え WordPressを知っておく

夕凪あかり

WordPressをご存じですか？ 使ったことはないが、知ってはいるという人は多いかもしれませんね。WordPressとは、オープンソースのブログ／CMSプラットフォームです。今後Webライターに WordPressでの記事投稿を依頼する案件は増えていくと思われます。WordPressとは何かを確認しておきましょう。

WordPressとは

WordPress（ワードプレス）は、Web サイトを構築するためのブログ／ CMS プラットフォームです。オープンソースで提供され、高機能かつ無料で利用できることから、多くの人に使われています。

SEO 対策のしやすさから、WordPress はアフィリエイターやブロガーに使われてきました。最近では運用のしやすさが広く認められるようになり、マイクロソフトや博報堂、サイボウズ、トレンドマイクロ、ヤマサ醤油など、多くの企業サイトでも使われるようになりました。

Web ライターが WordPress に記事を投稿するといったケースも増えてきています。案件の受注に備え、WordPress の基礎を確認しておきましょう。

https://ja.wordpress.org/

WordPressの投稿画面

表示内容は、使用しているテーマやプラグインよってもも異なりますが、左端にメニュー、中央にはタイトルと原稿入力用のボックスがあり、右脇と下側にはカテゴリーや要約を入力するためのエリアがあるのはだいたい同じです。

原稿は、中央の原稿入力用のボックスにHTMLを使って入力していきます。HTMLがうまく使えない場合には、Wordに入力するような感覚で作業できる「ビジュアルエディタ」もあります。ですが、できることならHTMLの入力にチャレンジしてみましょう。

使い方については、「WordPress Codex 日本語版（公式マニュアルページ）」をはじめ、参考になるWebページはたくさんあるので、実際に使ってみることをお勧めします。

Qetic ㈱

——コアユーザーの心を掴むWebライターは、かけがえのない存在

かみむらゆい

エッジの効いたコンテンツで、ひときわオーラを放つWebメディアを運営するQetic株式会社。企業のオウンドメディア制作やWebマーケティングだけでなく、イベント企画やプロモーションも手がけています。Jeepやフジロックなどのコアなファンが多いコミュニティを中心に、オンラインとオフラインをつなぎ、新たな体験を創造しています。

▲ http://www.qetic.jp/

▲代表取締役 宍戸麻美さん

マスよりも、コアに届けるコンテンツへのこだわり

Qeticは、ただ単純に多くの人に届ければよいという考えでなく、本当に必要な人たちに確実に届けるという視点でコンテンツを作っています。

「コアユーザー、新規ユーザー、マスユーザーという3つのターゲット層がありますよね。その中でも『コア層に本当に届いているのか？』というのをまず、Qeticでは検証します。実はコア層に届いていたのに、裾野を広げようと情報発信の方法を変えることでコア層が離れてしまったというケースもあったりします。だから、コア層をしっかり固めることが大切。そこから新規ユーザーも増やしていく。そうすれば必ずマス

ユーザーにも届いていきます。だから、まずはニッチに、本当に情報がほしいコア層に必要な情報を届けること。それをお手伝いしています」(代表取締役・宍戸麻美さん)

Qeticでは自社メディア「Qetic」のほかに、クライアントのWebメディアを約10サイト運営。1つのWebメディアにつき、1日1本以上は記事を配信します。運営方法はWebメディアごとにディレクターを割り当て、チームを作るとのこと。執筆は外部のWebライターやコラムニストに依頼します。

「徹底的に記事のクオリティにこだわります。コア層は誰でもさらっと読めるような専門性の低い情報がどんどん流れてくることを嫌がります。それよりも、こだわった1本の記事を待っているんです。もちろん量も大事なので、量と質のバランスを図りながら運用していきます」(宍戸さん)

よいコンテンツをつくるWebライターへの敬意

質にも量にもこだわるQeticでは相場としては高めの原稿料を支払っていると言います。

「原稿料を下げたい気持ちはありますが、やっぱりクオリティを追求するには相応の対価を払わないといけない。今までいろんなやり方でたくさんのWebライターと関わった結果、やっぱり『誰でもいい訳じゃない』っていうのを痛感しています。Webライターの力があるから良い記事ができる。Webライターもお客さんのように考えていて、スタッフ全員がWebライターと密にコミュニケーションを取っています」(宍戸さん)

Webライター募集は、QeticのサイトРやSNSアカウントで定期的に行っています。サンプルとして1度発注したうえで、Qetic自体やクライアントサイトとの相性を確認。ディレクターの判断によって継続して依頼するかどうかを決めます。

では、どのようなWebライターを求めているのでしょうか?

「フォーマットにとらわれないWebライターを求めています。何を伝えたいから、どう書くべきなのかを、自分で判断できることが大事だと思うんです。タイトルや文字数っていう最低限のルールはあっても、『こう書くべき』っていうのに縛られてほしくない。私たち自身も『この書き方、どうなの？』って思う原稿をいただいたとしても1度は配信してみたりしますね。私たちが欲しいのはWebライターの個性。だから、記事を公開してみた結果、良くなかったところは改善してもらいながら、お互い納得できるようにチューニングしながら進めます」（宍戸さん）

その言葉は、人の心を動かすか

手に入りやすい情報が溢れている今、これからは専門性の高いWebメディアが求められ、ありきたりなものは精査されていくのかもしれません。だからこそ、人の心を動かすライティングのスキルが問われると言います。

「今はただクリックさせるためのタイトルが増えてきているなと感じています。そんな記事は読んでみたら期待外れだったりしますよね。そういうことは読者も気づいています。だから、もっと人の心を動かすライティングが必要になると思うんです。新聞一面の見出しみたいな、『何これ？』って思わせるようなタイトルが書けるコピーライティング力はもちろん、中身も人の心に刺さる記事が書けないといけない。それがこれからのWebライターに問われることだと思います」（宍戸さん）

コアユーザーに届ける、深くておもしろいコンテンツを作りたい。自分の個性や創造力を存分に活かしたい。そんなWebライターなら、Qeticに求められているかもしれません。

■募集要項

http://www.qetic.jp/recruit/

第8章

Webライターが守るべき事柄

本章ではWebライティングをする際にも守るべき事柄を説明します。

46 コピペは厳禁

八湊真央

インターネット上に情報が溢れていて、誰でも簡単にその情報を入手できるようになった時代だからこそ、増えていくのが「コピペ」行為です。「コピペ」とは何か？ そして何が問題で何故だめなのか？ 正しい知識を身につけておくことが大切です。

文章をコピーして原稿にすればらくちん

Webライティングではときに自分にとってはあまり得意でないテーマを取り扱う場合もあります。そんなときは、「原稿を書く」という行為が上手くいかないものです。

そんな中、インターネットを検索していて、たまたまそこに自分にとって必要な情報が書かれていたとします。内容を読んでみると、まさに自分が書きたいと思った内容と一緒でした。この通りに原稿を書けばとても良い記事になりそうです……。さて、そんなとき、あなたはどうしますか？ その文章をそのままコピーして、自分の原稿としますか？

この時の、「情報をコピーして自分の原稿に貼り付ける」という行為が「コピペ」と呼ばれる行為です。

コピペとは

コピー&ペースト（コピペ）は、文字情報等を「コピー」して、それをそのまま「ペースト」（貼り付ける）するという行為です。

Webライターが原稿を書き進めていくためには、インターネットなどを活用して調べものをするのは当然必要な行為です。情報が溢れているネット社会では、さまざまな情報を簡単に入手することができます。パソコンをちょっと操作することでコピペも簡単に行えるので、実際にしたことがある人も多いのではないでしょうか？

このコピペは、「個人で楽しむ」ために何か情報収集をしていて、その情報を手元に置いておきたい……。例えば、家族旅行のためにホテルの情報を集め、利用するホテルのサイトから情報をコピペして家族に見せる、という「個人で楽しむ」場合は、何の問題もありません。問題は、そのコピペした情報を「個人で楽しむ」以外に「仕事」で利用し、さらに「その出所を明らかにしないままで使う」という点なのです。

すでに公開されている情報というのは、それは「他人が作成した情報」であるということです。

Webライターとして原稿を作成する側に立つ人間が、他人が作成した原稿や情報をいかにも自分が書いたと装って公開するなど、決してあってはならないことですし、やってはいけない行為です。それはいわば、「盗用」に当たる行為なのです。

実際に行われた、問題あるコピペの例

記憶に新しいところだと、「STAP細胞事件」の関連話題がありました。渦中の研究者が大学院の博士課程卒業の際に作成した卒業論文の内、冒頭20ページにも及ぶ文章量が、ある機関のホームページよりコピペされていたのが発覚しました。しかも出所が記載されていないため、いかにもその文章は渦中の研究者が作成した文章だと思われていたのです。その後事件は発覚し、博士号の剥奪に及ぶか及ばないかというところにまで議論が発展したのは有名な話です。

上述の例からもわかるように、調べればそれが元々どこに記載されていた情報なのか、というのはすぐにわかってしまいます。コピペをしたものの出所を明示しないまま自分の原稿にしてしまう行為は非常に問題があり、そして危険な行為であることがわかります。

情報源は必ず明らかにする

他人が作成したものを勝手にコピペし、「コピペしたこと」をまったくどこにも記載しないまま、あなたは自分の原稿に組み込んだとします。それを何も知らない第3者が読んだらどう思うでしょうか？ まさか勝手に他人のものを使用しているとは思わず、その原稿に組み込まれた部分も、あなたが自分で考えて書いたのだろうと勘違いしてしまいます。それに対し、「どうせばれないだろうし、大丈夫」と考えるのは、非常に甘い考えです。

情報がインターネット上に溢れ、誰でも簡単に入手できるということは、あなたが勝手にコピペして作り上げたその記事も、もしかしたら元々の情報作成者が目にする可能性もあるということです。また、情報作成者が知らなくとも、あなたが勝手にその情報をコピペして我が物顔で使っていることに気が付いた人が、情報作成者にそのことを通報するかもしれません。そうなれば記事の取り下げや、訴えられる可能性もないとはいい切れません。

コピペした文章でも、本文（自分自身が書いた文章）と明らかに区別して組み入れ、さらにその出所を記載することで「引用文章」と形を変えることができます。作成記事に引用文章を入れること自体問題はありません。引用については後程詳しく書きますが、引用する場合にも注意事項があるので、それは気をつけなければいけません。

また中には「このサイトに掲載している情報を利用するのは自由です。出典等の記載の必要もありません」等の記載があり、特にコピペしてその情報を利用するという行為について、咎めのないサイトも中にはあるかもしれません。

ですが、「ただより怖いものはない」のです。恐らく上述のように書かれたサイトの注意文には「ただし本サイトの情報を利用することで損害を被った場合および問題が発生した場合は利用者の自己責任とします」等、利用者側が全面的な責任を負うような内容が続きとして記載されている場合が多いはずです。

何らかの文章を利用する場合は、コピペではなく「引用」をするようにし、出所を明らかにしないで利用することは避けましょう。また、情報に信憑性がない場合、出所に疑わしい点がある場合は、その情報を利用しないほうがよいでしょう。

47 引用の使い方

八湊真央

すでに公開されている情報を原稿の中に「引用」する場合にはどのようなルールが必要なのでしょうか？ そもそも「引用」とは何で、「引用」する際には何に注意しなければいけないのでしょうか？ 引用の正しい知識を身に付けましょう。

引用の定義

そもそも、「引用」とはなんでしょうか。CRIC（公益社団法人著作権情報センター）は、引用の定義について次のように述べています。

> 「引用」とは、例えば論文執筆の際、自説を補強するため、他人の論文の一部分をひいてきたりするなどして、自分の著作物の中に他人の著作物を利用することをいいます。
>
> ※出典：CRIC（公益社団法人著作権情報センター）

つまり引用とは、自分が書いた原稿などの中に、他人が作成した情報などを、原稿本文とは明らかに違う形で組みいれて利用するとことをいいます。

引用する方法

　引用する場合、基本的に引用元に許可を得る必要はありません。ただし、文章や情報を引用する場合には、次のルールを守る必要があります。

・本文を「主」とすると、引用する文章は「従」の関係にあたること
・引用元はすでに公開されている文章であること
・引用元の文章を勝手に改変や要約等してはいけない
・「　」などでくくる、またはフォントを変えるなどして、引用部分と本文とに明らかな差をつけること
・引用元を明確にして必ず記載すること
・引用する量は必要最低限にとどめること

　本文より引用部分の方が多くなった場合は、引用部分が「主」となってしまうため、その原稿自体あなたが書いた原稿とはいえなくなります。また、本文と区別なく引用部分が混ざっていると、どこの部分が引用部分かわからず、これもあなたが自分で書いた原稿とはいえなくなります。
　また、引用元を明らかにしないまま利用してしまうと、それは引用ではなく「盗用」と取られてしまう可能性もあります。
　引用元を記載する場合は最低限、その情報元のタイトル、著者名等を記載する必要があります。
　見る人が見れば、引用元の文章が元々どこに記載されていたもの

なのかは一目瞭然です。「ばれなければよい」という甘い考えは禁物です。原稿を作成するうえでどうしても「引用」が必要な場合は、これらの点を注意して行うようにしましょう。

また引用と共に「転載」という言葉もよく目にすると思います。転載とは、引用の範囲を超えて、すでに刊行されている新聞や雑誌、書籍などをそのまま利用して、自分の原稿の一部などにすることです。ただし、引用とは異なり、転載の場合は原則としてその転載元（著作権者）に許可を取ることが必須です。無断で利用して後々問題になる前に、自分の行う行為が引用にあたるのか、転載にあたるのかを認識し、それぞれに対して適切な対応を取ることが重要です。

公的機関からの引用

原稿を書く際に、政府が作成した資料や公的な機関が作成した調査資料などを参考にする場合もあります。

著作権法第32条の2には、国や地方公共団体、および独立行政法人などの公的機関が作成した資料（広報・統計調査資料、報告書、白書などがこれにあたります）については、「特にその機関に許可を得ることなく「引用」することが出来る」という記載があります。ただしその資料に「転載を禁止する」と記載があった場合は、無断使用はできないとなっています。

しかし、公的機関といえども、資料などを「引用」した場合は、必ずその「引用」元を記載しなければいけません。公的機関の資料を利用する際は、転載禁止の有無があるかどうかを確認したうえで、「引用」元を明らかにして利用するようにしましょう。

企業などのオフィシャルサイトからの引用

インターネット上でさまざまなWebサイトを検索し、欲しい情報が、とある企業のオフィシャルサイトの中にあったとします。そのとき、通常と同じ方法でそのオフィシャルサイトの情報も引用すれば、何の問題もないのでしょうか？

企業などのオフィシャルサイトには、それぞれ定められたルールがあります。中には、「営利、非営利を問わず、当サイトのコンテンツを許可なく複製、転用、販売等二次利用を禁止する」と規定している企業もあります。

これは、利用することでお金が発生する、しないはともかくとして、許可なくWebサイト上のコンテンツ（内容）を複製（コピー）したり、別のWebサイトなどで転用（その部分だけを利用）したり、またはその部分を利用して何かを販売することはいけない、ということです。

つまり、許可を取らなければ引用さえもしてはいけない、ということなのです。もしも勝手に利用し「盗用」が発覚すれば、あなただけではなく、何も知らずにその原稿を記事として掲載した、あなたに依頼したクライアントにも迷惑がかかる可能性もあります。そうなると、「知りませんでした」「少しぐらいならばばれないと思いました」では済まないのです。

利用規約は、企業それぞれがさまざまな表現で記載・掲載しています。利用をしたいと思ったら、まずはWebサイトを確認し、自分が行おうとしている行為がその企業が定めた利用規約に反していないかを確認しましょう。

48 写真の使い方

八湊真央

記事の中に写真を入れるのは、とても効果的です。でも、掲載したい写真はどうやって手配すればよいでしょうか？ インターネットにある写真を利用する場合、どのような手続きやルールがあるでしょうか？ 基本的なことは知っておきましょう

写真が必要な場合

作成した記事に写真を付けたい場合、手軽なところでインターネット上にある写真の利用を考える人もいるでしょう。その際、写真のストックサイトを利用する人もいるし、個人の素材サイトなどから写真素材を「借りて」利用する人もいるかもしれません。

とはいえ、ストックサイトや素材サイト等から写真素材を利用するには注意が必要です。特に、個人利用ではなく仕事（商用での利用）の場合はさまざまな条件が課せられる場合もあります。

個人利用と商用利用

ストックサイトや素材サイトの規約には「この写真は無料でどなたでも利用いただけます」と書かれているものがあります。「無料だしこれは都合がいい！」そう思ってよく確認せずに写真を利用するのは、実はとても危険な行為なのです。

ここで気を付けてほしいのは「この写真は無料でどなたでも利用できます」の前後に「非営利・個人利用の場合のみ」という記載がある場合です。

「非営利・個人利用」とは、その写真を利用することにより金銭が発生することがなく、なおかつ個人が使用するためだけの利用（例えば、自分のサイトやパソコンのデスクトップの壁紙に使う、仲間内で使う資料に用いるなど）に限られます。

Web ライターが「仕事」として原稿を書く場合は報酬が発生するため、「個人利用」という定義からは外れてしまいます。なので、写真を利用する場合は「商用利用」という扱いとなり、サイトによっては連絡・許諾の必要や使用料が発生する場合もあります。

フリー素材は注意して使う

「フリー素材」と明記されてあっても、商用利用の場合にはフリーでない場合もあります。もちろん、営利・非営利問わず自由に使える場合もありますが、その際はその他に何か条件がある場合も少なくありません。フリー素材とあっても写真や画像を利用する場合は、必ず利用規約を確認したうえで利用するようにしましょう。

また、インターネット上にあるけれど撮影者がわからないもの、本来の所有者がわからない写真や画像は、利用することでトラブルが発生することもあります。身元がはっきりしない写真や画像を記事に使用するのは絶対に控えましょう。

クレジットを記載する

テレビ番組などで何かの写真が映し出される際に、その写真の隅に「写真提供××」などと記載があるのを見たことはありませんか？それは、「この写真を利用してもよい代わりに、写真の提供元を必ず使用画面に記載すること」という規約があるため、そのように写真提供元の記載がされているのです。このように、写真利用時にその写真提供元の名前やサイト名などを記載して表示することを「クレジット表記」といいます。

提供元にすれば、その写真がその提供元から出ていることを広く一般に知られることで認知度が上がり、利用者が増えることになります。そのため、使用目的が商用利用のときは、使用料のかわりに提供元の名前をクレジットすることを義務付けて利用許可をする場合も多いのです。

規約にクレジットの明記を義務付けている場合、必ずクレジットを入れるようにしましょう。これを怠ると、罰金を取られる、または記事の取り下げ、および今後の利用を禁止されるなど、厳しい処罰を受ける可能性もあります。注意しましょう。

公式画像などの利用には注意が必要

記事の内容により、例えば芸能人の写真を利用したほうがより内容が読者に伝わりやすい、というケースもあるかもしれません。その場合はどうしたらよいでしょうか？ 公式サイトから「引用」し、その「引用元」を書いておけば OK なのでしょうか？

写真、特に芸能人の公式写真については、必ず所属事務所の許可が必要になります。例えインターネット上に氾濫している写真を見つけたとしても、それは誰かが勝手に利用している写真の可能性が高いのです。また、公式サイトに掲載されているからといって、勝手に利用してよいわけでもありません。芸能人の写真の利用は避けた方が賢明だといえます。

参考：写真ストックサイト

よく利用される、写真のストックサイトです。気になる写真や、効果が見込める写真がある場合は利用してみましょう。ただし利用する際にはそれぞれのサイトの利用規定を確認するのを忘れないようにしましょう。

・写真素材 - PIXTA（ピクスタ）
https://pixta.jp
・写真 AC
http://photo-ac.com/

49 著作権に注意する

八湊真央

よく「著作権」という言葉を目にすることがあると思います。そもそも「著作権」とは何なのでしょうか？ そして、どんな権利なのでしょうか？ 原稿を書くうえで知っておきたい、「著作権」の基礎知識と注意すべき点をみていきましょう。

そもそも、著作権とは？

世の中には数々の「権利」があります。その中に「知的財産権」という権利があります。「知的財産権」とは簡単にいうと「知的創作活動で何かを創り出した人に対して与えられる、他人に無断で利用されない権利」です。そしてこの「知的財産権」の中に、「産業財産権（工業所有権）」と、「著作権」などの権利が含まれます。

「産業財産権（工業所有権）」にはいわゆる「特許権」「商標権」「意匠権」「実用新案権」が含まれます。これらは、出願し登録することでその効力を発揮することができる権利です。

それに対し「著作権」は、「著作物」を保護するための権利です。

では、「著作物」とは何でしょうか？ 著作権法第２条１号では、「著作物」のことを以下のように定義しています。

> 著作物　思想又は感情を創作的に表現したものであって、文芸、学術、美術又は音楽の範囲に属するものをいう。

つまりわかりやすく言うと、子供が画用紙に自由に絵を描いたとします。それも立派な「著作物」になるということです。歌手が歌う歌の歌詞もこれにあたります。また、頭の中に思い浮かんだアイデア……は、アイデアの段階では「著作物」にはなりませんが、アイデアをわかりやすく紙に書きおこしたものは「著作物」にあたります。当然ながら、あなたが書いた原稿も「著作物」にあたります。「著作権」とは、それらの「著作物」が他人に無断で利用されないよう守る権利のことなのです。

著作物には必ず著作者がいる

「著作物」がある場合は、必ずそれを創り出した人がいます。それが「著作者」です。また共同で「著作物」を作った場合、共同で書いた著者の寄与分が分離できない（誰がどこを書いたか明確に区別することができない場合の）「著作物」については、それは「共同著作」となり、それに関わった全員がその「著作者」になります。

著作者が持つ権利とは

「著作者」には２つの権利があります。

著作者人格権

１つめは「著作者人格権」です。「著作者人格権」には３つの項目があり、それぞれ「公表権」「氏名表示権」「同一性保持権」といいます。

「公表権」は自分が作った「著作物」をいつ、どこでどうやって公表するかを自分で決めることができる権利です。

「氏名表示権」は、自分の「著作物」を公表する際に、自分の名前も表示するかしないか？ そしてその名前をどうするか？ を自分で決めることができる権利です。

「同一性保持権」とは、自分の「著作物」を勝手に改変されない、という権利です。

「著作者人格権」は、他人に譲渡や相続することができない、著作者だけの権利です。親が亡くなったから子供へそれを受け継ぐ、ということはできません。

著作権（財産権）

2つめは「著作権（財産権）」です。これは、著作物の利用許諾や禁止などを行える権利です。

「著作者」にはさまざまな権利があります。ただし、この「著作権（財産権）」は「著作者人格権」とは違い、譲渡することが可能です。そのため、著作物の「著作者」と「権利者」が違う場合もあります。例えば出版されている本の利用について問い合わせをする際に、「著作者」である作家が「著作権（財産権）」を出版社に譲渡していた場合は、その本の「権利者」は出版社になります。その場合、「著作者」ではなく「著作権者」である出版社に問い合わせをすることが必要になるわけです。

著作権の保護期間はどのくらい?

では「著作権」は永遠にその効力を有するのでしょうか? 実は、そうではありません。「著作権」は、ケースごとにその保護期間が決まっているのです。

まず、著者が明らかである「著作物」については、著者の死後50年とされています。著者が明らかでない場合や、団体名が著作者とされているものについては、その公表後50年とされています。映画の「著作物」については、その公表後70年とされています。わかりやすい例で言うと、明治時代の文豪・夏目漱石(1916年没/死後99年経過)が書いた小説作品『吾輩は猫である』や芥川龍之介(1927年没/死後88年経過)の『羅生門』等は著作権が切れているため、誰でも自由に複製・販売等ができるということです。

誰かの「著作物」を利用する場合は、次の点などに注意して利用しましょう。

- その権利が誰にあるのか、どこにあるのか?
- 保護期間内のものなのかどうか?
- 利用料金などが発生するかどうか?

2015年8月1日現在、著作権保護期間は「作者の死後70年」で統一される方向に動いています。また、著作権侵害は著作権者の訴えが必要な「親告罪」としていましたが、著作権者の訴えがなくても、捜査当局や一般人も訴えることができる「非親告罪」として扱う見通しです。最新情報に注意してください。

50 肖像権に注意する

八湊真央

SNSやTwitterが多用される今、人物の写真の掲載……いわゆる「肖像権」についてのトラブルが増えています。そこで、トラブルにならないためにも、利用する際に気を付けるべきことや、そもそも「肖像権」とは何なのか？ という基礎知識を身に付けておきましょう。

肖像権とは

「肖像権」には２つの項目があり、その２つの項目を合わせて「肖像権」と呼びます。

２つの項目とは、「プライバシー権」と「パブリシティ権」と呼ばれているものです。「プライバシー権」は人格権（人の命や身体、など他の人から保護されるべき人格的利益をいう権利）に則したもの、「パブリシティ権」は財産権（財産などの経済的な利益をいう権利）に則したものになります。

人格権と財産権は、まったく別の側面を持つ権利です。それを考えると、「肖像権」といっても、実はその内容はとても奥深いということですね。

プライバシー権とは？

「プライバシー権」とは、簡単にいうと「許可なく他人に撮影されたものを利用されない」という権利です。一般的に「肖像権」というとこの「プライバシー権」を想像する人が多いのではないのでしょうか？

例えば、何気ない風景を撮影し、それを記事の中に使いたいと考えたとします。ところが撮った写真には、その場所で散歩をしていた人がたまたま写っていました。そんなとき、どうすればよいでしょうか？

プライバシーは保護する必要があります。もしかしたら、あなたが撮影した写真に写ってしまった人は、自分の顔がインターネット上で不特定多数の人に見られることを望まないかもしれません。また、不特定多数の人が利用するインターネット上に写真が掲載されることで、私生活に支障をきたすことがあるかもしれません。犯罪などに悪用される可能性もない訳ではありません。

自分が写った写真が勝手に掲載されたうえに、私生活に支障が生まれ、悪用される……。自分の立場に置き換えて考えてみたら、それが決して喜ばしいものではないとわかりますよね。

「たかが写真を掲載しただけ」と思うかもしれません。しかし、それにより精神的な苦痛を感じる人もいるのだということを忘れてはいけません。また、その軽率な行為によって思いもよらぬ弊害が発生し、犯罪に巻き込まれる場合もあるのだということも忘れてはいけません。

では、第３者が写りこんだ写真は利用できないのでしょうか？

そうではありません。第３者が写りこんだ写真を利用する場合は、その写りこんだ人に対し、「個人が特定できないように加工する配慮」をすれば使用することが可能となります。「個人が特定できないよう加工する配慮」とは、例えば顔にぼかしを入れる、トリミングする、といったことです。これは、大人も子供も関係ありません。また、友達だろうが通りすがりの人だろうが同じです。写真を撮影しそれを利用する場合は、あらかじめインターネット上でその写真を公開してもよいかの許可を得る、そして加工の有無も必ず確認しておくのがよいでしょう。

街中で見かけた芸能人の写真を使いたい？

芸能人を街で見かけたとします。「芸能人は有名だしテレビにもたくさん出ているし、写真を撮られてインターネットに勝手にアップしても大丈夫！」そんな風に考えていませんか？

有名だろうが有名じゃなかろうが、他人の写真を勝手にネットに掲載することはしてはいけないことです。それに、あなたにプライベートの時間があるように、芸能人にもプライベートの時間があります。そんな時間を過ごしているときに勝手に写真を取られ、さらに勝手にそれを掲載されたらどんな気持ちになるでしょうか？「有名人だから許される」そんな理屈は通りません。本人が望まず、または許可していない行為であるのなら、それはしてはいけないことなのです。そのことをきちんと理解しておきましょう。

また、芸能人の写真掲載については芸能事務所の許可が必要となります。勝手にアップした場合、削除を求められる場合もあります。トラブルを避けるためにも、勝手に撮影した写真を無断でインターネットに掲載することはやめましょう。

パブリシティ権とは

「パブリシティ権」とは、簡単にいうと、芸能人や著名人などが、その名前や肖像を勝手に利用されないことを主張できる権利です。彼らはその活動をすることにより、名声や利益を得ることができます。それは当然彼らの努力のたまものであり、権利です。

ところが、それを第３者が勝手に利用し、その利益を貪っていたらどうでしょうか？ 例えば、第３者が彼らに許可なく彼らの名前や顔写真が入ったグッズを作りサイトで売ったとします。これにより、本来彼らに入るべき名声や利益が彼らの手に入らず、勝手に利用した人の所に入ってしまったらどうでしょうか？ 当然、彼らも悲しい思いをしますし、もしかしたらそのことが災いして、その後、公式グッズの販売やコンサートなども行われなくなってしまうかもしれません。そうなると、楽しみにしていた善良なファンも悲しむことになりますよね。

こうした行為は、違反であり犯罪なのです。気を付けるようにしたいものです。

㈱マイナビ マイナビティーンズ編集部

──ティーンを制するWebメディアが、時代を制する

かみむらゆい

10代の女の子たちの夢を応援するマイナビティーンズ。全国の約6万人にもおよぶ10代女子が登録している、参加型のWebメディアです。商品開発体験やモデル活動など、ティーンが活躍できる場を提供し、10代はもちろん、20～30代のマーケターをも読者に持ち、貴重な10代の情報を配信しています。

▲ https://teens.mynavi.jp/

分析力のあるWebライターを増やしたい

編集部は約15名。編集者みずから記事を執筆します。加えて提携するコンテンツ制作会社で活動するWebライターや外部のWebライターが多数活躍しています。

現在、1日に更新する記事は平均5～6本。1日10本を目指して配信をしています。

「編集部にはネタはあるんですけど、Webサイトの運営以外にもイベント運営をはじめとした業務や、時間的な制限もあるので、外部のWebライターさんや編集プロダクションさんにも積極的にお願いしたいと思っています。分析力に長けた方や、魅力的な記事が書ける方を求

めています」（マイナビティーンズ編集部）

ティーン独特の文化を、最適に伝える力

マイナビティーンズでWebライターとして活躍するには、分析力や企画力が問われます。また、ティーンへ取材する機会もあるので、取材ができる人材や年齢の垣根を超えたコミュニケーション能力に長けている人材が重宝されそうです。

「むずかしい言葉を使えなくてもいいんです。それより、10代の女の子の文化に興味を持って、トレンドの分析がしっかりできる人がいい。編集部で企画したものを一緒に取材して記事にしたり、Webライター自身にも企画してもらう必要があります。だから、企画と分析ができる感性を持った人が理想ですね」（編集部）

マイナビティーンズの読者は、10代にとどまりません。ティーンが何を感じて、どんなことに興味を持っているのかを探るマーケターなどのビジネスパーソンも、マイナビティーンズを頼りに情報収集を行います。マーケター向け記事は、Webの潮流とティーンの動向の両方を視野に入れたコンテンツ作りが求められます。

「例えば、動画って全体的にWeb上に増えていますよね。特に、もうティーンにとっては欠かせないものなんです。10代の子たちは自分が参加できるものじゃないと興味を持たないので、動画も自分たちで作って、自分たちで発信するという使い方をしている。そういう動きにアンテナを張っていることが大切。さらに、彼女たちの間で流行っている動画を見て『なぜ、ティーンに受けているのか？』を分析して記事にできることが重要です。その分析がマーケターたちの役に立ち、10代の子たちにより受け入れられる商品開発などにつながるからです。とはいえ、読者と同じように『10代って面白い』『こんなこと考えているんだ』ということに関心を持っている方であれば、そんなにハードルは高くなく、楽しい記事を書いていただけると思います」（編集部）

また、ティーンに向けたコンテンツは、発案する企画が10代の独特の文化にマッチしているかどうかが大切です。みずからイベントなどリアルな場に参加したいティーンが圧倒的であることや、情報収集源がインターネット検索よりもソーシャルメディアであることを考慮した企画が前提となります。

「マイナビティーンズには参加型のイベントがたくさんあるので、サイトを見にきてくれる子が多いですが、基本的に今のティーンはWebメディアをみずから見に行くことはしていません。アプリとかTwitterで見つけたことをちょっと検索するくらい。だから、ただ単に10代に向けて情報だけを発信していても、成功しないんです。本当に参加型コンテンツであることが命。10代の子たちに参加してもらいながら記事にできるようなコンテンツを発案してくれるとうれしいですね」(編集部)

時代を担う10代と連動できるか

今の10代はソーシャルメディアを使いこなして、みずから情報を発信しています。Webメディアは、それ以上に力をつけなければ、女子高生個人のパワーに負けてしまうということもあり得ると言います。

「影響力のある子たちはSNSを使いこなして自分で発信しています。今のティーンって、Twitterとインスタグラムだけでも、何万人とフォロワーがいます。個人でPV数もすごく稼いでいる。だから、ただコンテンツの量だけを増やしてもまったく意味がない。これから時代を担っていく10代。Webメディアはよっぽどパワーを持たないと、彼女たちの発信力には対抗できないと思います」(編集部)

これからの日本を作っていく10代の生態を知り、分析するスキルを身につければ、Webライターとしてもいち早く時代の波に乗ることができそうです。今のトレンドの、その先を予測し、創造していく意欲のあるWebライターにはこのうえないフィールドですね。

Webライター700人に聞きました①

〉〉〉なぜ、Webライターをやりたいと思ったのか？

Web ライターをやるようになったきっかけは人それぞれ。書くことが好きだからという人から、この仕事しかなかったという人まで。
Web ライターそれぞれにドラマがあります。

- 人見知りが激しい性格と、並外れた不器用さが災いして、いくつもの会社をリストラになりました。何とかしなければいけない、ともがいていたときに Web ライターの案件を見つけたのがはじまりでした【翡翠】
- 物書きにあこがれていました。仕事時間や量をコントロールできるところが自分にとって都合がいいです【田中ミカ】
- 先行きの見えない世の中、年をとってもできるお仕事のひとつとして考えました。たとえ暇つぶしに読まれるのであっても、人のお役に立てるお仕事だと思います【夙川北斗】
- 在宅でお金を稼げるという魅力と、もともと文章を書くのが好きだったから【みみずく】
- 自分の考えを発信したいから！ 発信するために情報収集をすると、自分も情報が GET できてお得だから！ 私がほしいものを集めて、それを発信して稼げるなんて幸せだと思います♪【Nao Kiyota】
- 会社勤めは定年がありますが、書く仕事は一生できるためです【HIRO】
- 書くことが好きだから。むしろ、書くことを取ったら何も残らないと思う【桜井涼】

Webライター700人に聞きました②

》》Webライターの収入って、はっきり言ってどうなの？

Web ライターの収入金額（月額）を教えてもらいました。気になる収入は 1 万円から 30 万までとさまざまです。
多くの Web ライターは月収 30 万円を目標にしているようです。

- 今は 1 万円以下ですが、目標は月に 20 万円以上です【本田らじゃこ】
- 最高額が 3 万円になったとき、初めて仕事をしている実感が得られました。目標を月額 10 万円から開始したいと考えています【きょうだゆうひ】
- 3 万 5 千円くらい。ただし本業やプライベートに忙殺されて 0 円の月もあります。駆け出しの頃は 1,000 円稼ぐのも大変だった【桜川えり子】
- 月額 5 万円くらい。兼業なので最初の目標は 8 万円くらいにしています。一件、最高額 13 万円のお仕事を頂いたことがあります【FUKUFUKU】
- 現在は月に 5 ～ 6 万円ですが、目標は 20 万円です。文字数あたりでの最低額案件は SEO 対策記事の 1 文字 0.2 円、最高はアド広告の原案作成で 1 文字 10 円程度です【とちもとさわ】
- ライターを始めてもうすぐ 1 ヵ月です。総額で 7 万円のお仕事をさせていただくことができました【いちお】
- いろいろな案件を受け持ち、月に 10 万円ほど。少なくとも月 20 万円をキープできるように少しずつ取り組んでいます【高嶋一行】
- 15 ～ 35 万円程度だと思います。平均すると、18 ～ 25 万円程度かと【鍋谷萌子】

Webライター700人に聞きました③

〉〉〉こんなクライアントはいやだ

Web ライターはクライアントから仕事をもらう立場。でも、クライアントとは気持ちよく仕事をしたいものです。
「こんなクライアントはいやだ」という Web ライターの声を集めてみました。

- 某サイトでのことですが、記事が良いと言われ、本契約して納品するとNG。ところが Web 上にはその記事が載っている。にも関わらず未だに入金はなし……。こんな詐欺まがいのクライアントさんはいやです。ここまでいくとクライアントと呼べるのかわかりませんが (-_-;)【西野紗菜】
- ギャランティを支払う際に値切ってきたり、踏み倒したりするクライアント。実際に 2 件ほど遭遇しました……【KRK】
- 急に連絡が取れなくなるなどホウ・レン・ソウがいい加減なクライアントさんはいやだなぁとは思っています【原田斜之助】
- 安い原稿料しか出さないクライアントはいやです。内職と勘違いしているのではないでしょうか。それなりの内容を求めるのであれば、それなりの原稿料を出していただきたい【天使のくま】
- 女子っぽいテイストで書いていたのに、編集（♂）の手が加わっておっさん臭い文章に成り代わっていた【ことえり
- 素材を予定日になってもいただけず、締め切りの前日になって「今用意できたんだけれど、明日の朝に原稿もらえる？」と無茶なことを言ってこられる方が稀にいらっしゃいます【椿景子】

おわりに

とはいえ、Web ライターになるのはそんなに簡単なものでもない

■ Web ライターは続けることが一番大切

今は決して Web ライターの待遇が良いとはいえません。しかし、今後、Web メディアがさらなる力を持つにつれ、Web ライターの需要は高まり、質の良い記事を書ける Web ライターの環境は改善され、報酬も高くなるものと予測されます。

Web ライターは誰にでもできる仕事です。また、仕事のチャンスはペーパーメディア以上に数多くあります。しかし、Web ライターとして生き残っていくことはとても難しいのです。生き残っていくために大切なことは何なのでしょうか？ もっとも大切なことは、“続けていく”ことなのです。

■今後の Web ライターの活躍に期待

本書には本書をきっかけとして少しでも Web ライターの質を向上させることができれば、という想いがあります。

その趣旨に賛同し、快く取材に応じてくれた８社の方々には心からお礼を申し上げます。ここだけの話ですが、そんな趣旨など理解していただけず、素人 Web ライターのための本なんかに協力できない、と取材拒否された Web メディアは少なからずあったのです。また、技術評論社の取口敏憲さんは一番の賛同者でした。本書の企画を根気よく実現してくれました。

９人の Web ライターの執筆者には僕のわがままに付きあわせてしまいました。加えてアンケートに応えてくれた Web ライターの方々にもお礼申し上げます。

そして最後に、この本を手にしてくれた Web ライターになりたいと願う皆さんに感謝いたします。少しでも参考になったでしょうか？ もっとあれもこれもお伝えしたかった、と反省はいろいろありますが、それはまた次の機会としたいと思います。

今後、多くの Web ライターが活躍し、Web メディアがますます発展することを願ってやみません。

大橋博之

監修者／執筆者紹介

four class（フォークラス）

111 サイトの Web メディアを運営しているコンテンツマーケティング会社。3,500 サイト以上のコンテンツ制作実績がある。元 SEO 会社という強みを活かして、検索エンジンからのアクセスを稼ぐコンテンツ制作を得意とする。

大橋博之（おおはしひろゆき）

ライター･エディター。専門分野／ Web メディア・カルチャー・アート。著書／『SF 挿絵画家の時代』（本の雑誌社）、『心の流浪 挿絵画家･樺島勝一』（弦書房）ほか。所属／日本 SF 作家クラブ・日本ジュール・ヴェルヌ研究会。

かみむらゆい

PR ライター、PR プランナーとして多ジャンルの企業 PR を支援中。アパレル業界で働いた後 2009 年に渡米。NY にてファッションプレスやライターとして活動。帰国後、IT 系 PR 会社へ就職。2014 年に独立。

V(- ¥-)V　ごとう さとき（ごとうさとき）

駄文屋。Web、紙媒体の区別なく駄文を垂れ流す。ジャンルも、オカルトから刑事訴訟法まで多岐にわたる……というか無節操。代表作は、リアルな刑事手続きを解説した『逮捕されたらこうなります！』（自由国民社）

染谷靖子（そめやせいこ）

私自身 Web ライターから始めて、今では書籍や雑誌などの仕事もしています。身の回りにある物事について「どんな人がつくったのだろう」「どうやってここまで運ばれたのだろう」と思いめぐらせることが好きです。

冨田弥生（とみたやよい）

企画力も強みの Web ライター。企画・執筆実績はグルメ・サブカル・語学系・短編小説等と広範囲。ライティングの総合商社を目指し日々営業中。趣味はドラムと語学と IR サイト巡り。

松沢未和（まつざわみわ）

日本 FP 協会認定 AFP。お金や税金、保険にまつわることが得意分野です。趣味は旅行とコスメ研究、食べ&飲み歩き、料理、空手（4 年目になりました）。これからも旺盛すぎる好奇心を武器にガンガン突き進みます！

みちだあこ

Web ライター兼エディター。仕事の信念は「誠実」「面白く」。SEO の知見を活かしながら、難しい内容も面白く簡単に読んでもらえるように原稿を作成しています。

八湊真央（やつみなとまお）

静岡県在住。人事採用・法務部門での勤務経験を活かして、コラムなどを執筆している。その他 Web やフリーペーパー等のライティング業務なども請け負っている。また「小説家になろう」にて柴田花蓮名義で小説も執筆中。

夕凪あかり（ゆうなぎあかり）

IT 関連を強みとするライター＆編集者。D.A. ノーマン先生を神と崇め、意味ある意匠・デザインの発見を至福の喜びとする。イメージの広がりを持つ漢字や言葉、語りが大好き。日々ガッツとねばり腰で奮闘中。為せば成る！

らくしゅみっくす

ゲーム音楽ピアニストの女性ゲームライター。元受付嬢＆マネジメントの経歴を持ち、ゲーム・ビジネス・女性向けと多彩に執筆中。興味はゲーム･歌･ファッション･アート･マネー術・生活・美容・占いと幅広い。

索引

カバーイラスト：きたざわけんじ
カバーデザイン／本文デザイン：折原カズヒロ
DTP：朝日メディアインターナショナル㈱
編集：取口敏憲

【本書サポートページ】
http://gihyo.jp/book/2015/978-4-7741-7602-4
本書記載の情報の修正／訂正／補足については、当該Webページで行います。

■お問い合わせについて

本書に関するご質問については、本書に記載されている内容に関するもののみとさせていただきます。本書の内容と関係のないご質問につきましては、一切お答えできませんので、あらかじめご了承ください。また、電話でのご質問は受け付けておりませんので、FAXか書面にて下記までお送りください。

〒162-0846　東京都新宿区市谷左内町21-13
株式会社技術評論社　雑誌編集部
「Webライター入門 ——副業・プロで稼ぐための50の基礎知識」係
FAX　03-3513-6173

なお、ご質問の際には、書名と該当ページ、返信先を明記してくださいますよう、お願いいたします。
お送りいただいたご質問には、できる限り迅速にお答えできるよう努力いたしておりますが、場合によってはお答えするまでに時間がかかることがあります。また、回答の期日をご指定なさっても、ご希望にお応えできるとは限りません。あらかじめご了承くださいますよう、お願いいたします。

Web(ウェブ)ライター入門(にゅうもん)
——副業(ふくぎょう)・プロで稼(かせ)ぐための50の基礎知識(きそちしき)

2015年9月25日　初版　第1刷　発行
2021年9月29日　初版　第2刷　発行

著　者　かみむらゆい、V(-¥-)V ごとうさとき、染谷靖子(そめやせいこ)、冨田弥生(とみたやよい)、松沢未和(まつざわみわ)、みちだあこ、八湊 真央(やつみなとまお)、夕凪(ゆうなぎ)あかり、らくしゅみっくす
監修者　株式会社(かぶしきがいしゃ)フォークラス、大橋博之(おおはしひろゆき)
発行者　片岡　巌
発行所　株式会社技術評論社
東京都新宿区市谷左内町 21-13
電話　03-3513-6150　販売促進部
03-3513-6170　雑誌編集部
印刷／製本　港北出版印刷株式会社

定価はカバーに表示してあります。

ISBN 978-4-7741-7602-4　C3055
Printed in Japan